高等职业教育材料工程技术专业规划教材
国家骨干高职院校建设项目成果

Chemical Analysis of Cement
水泥化学分析

主　编　李彦岗　樊俊珍
副主编　马惠莉　王朝霞
参　编　畅云仙　孙瑾辉

武汉理工大学出版社
·武　汉·

内容提要

本书为国家骨干高职院校建设项目——材料工程技术专业及专业群建设项目成果教材。

本书根据材料工程技术专业(水泥方向)培养方案中"水泥化学分析"核心课程标准及建材行业特有工种"建材化学分析工"职业标准编写,全书内容包括水泥生产常规组分分析、微量组分分析、煤质分析及化学成分全分析综合训练,共 4 个项目 14 个检测任务,系统介绍了水泥生产过程中原(燃)材料、水泥生料、水泥熟料及水泥成品化学成分分析检验技术与方法。

本书可作为高职高专学校材料工程技术及相关专业的教学用书,也可作为水泥生产企业和水泥质量检验机构的员工培训教材,亦可供从事水泥生产及检验工作的相关技术人员参考。

图书在版编目(CIP)数据

水泥化学分析/李彦岗,樊俊珍主编. —武汉:武汉理工大学出版社,2015.2
ISBN 978-7-5629-4628-1

Ⅰ.① 水… Ⅱ.① 李… ② 樊… Ⅲ.① 水泥-化学分析 Ⅳ.① TQ172.1

中国版本图书馆 CIP 数据核字(2014)第 199460 号

项目负责人	田道全 刘海燕		责 任 编 辑	田道全 万三宝
责 任 校 对	王 思		装 帧 设 计	兴和设计

出 版 发 行:武汉理工大学出版社
地　　　　址:武汉市洪山区珞狮路 122 号
邮　　　　编:430070
网　　　　址:http://www.techbook.com.cn
经 销 者:各地新华书店
印 刷 者:湖北丰盈印务有限公司
开　　　　本:880mm×1230mm　1/16
印　　　　张:10.75
字　　　　数:311 千字
版　　　　次:2015 年 2 月第 1 版
印　　　　次:2015 年 2 月第 1 次印刷
印　　　　数:1—3000 册
定　　　　价:25.00 元

前　言

　　"水泥化学分析"属于材料工程技术专业（水泥方向）岗位能力课程，是专业必修的核心技能课程之一。

　　本书以建材行业相关技术标准和规范为依据，紧贴行业或产业领域的最新发展，对接建材化学分析工职业岗位任职要求，通过工作任务与职业能力分析设计课程体系结构。全书包括 4 个项目，14 个检测任务，任务选择均来自水泥生产化学分析岗位实际工作，分析对象包括水泥生产过程中的原（燃）材料、中间产品及成品，如石灰石、砂岩、黏土、石膏、水泥生料、水泥熟料及水泥成品等；检测项目既包括烧失量、SiO_2、Al_2O_3、Fe_2O_3、CaO、SO_3 等主要组分的测定，也有 $f\text{-}CaO$、R_2O、MgO、Cl^- 等微量有害成分的分析；分析方法既有滴定分析、重量分析等常规化学分析，也有分光光度法、火焰光度法、原子吸收分光光度法等仪器分析。

　　本书在编写过程中紧紧围绕专业人才培养目标，以全面素质教育为基础，以胜任职业岗位需要为出发点，突出理论知识的应用，重视学生操作技能与职业能力的培养。通过校企合作方式进行编写，融入企业要素，缩短了课堂和企业岗位之间的距离。本书适用于高等职业院校材料工程技术专业的教学，也可作为水泥生产企业和水泥质量检验机构的员工培训教材，亦可供从事水泥生产及检验工作的相关技术人员参考。

　　本书由山西职业技术学院李彦岗、山西省建筑材料质量监督检验测试中心樊俊珍担任主编；山西职业技术学院马惠莉、王朝霞担任副主编；参与编写的有山西职业技术学院畅云仙、宁夏建设职业技术学院孙瑾辉等。全书由李彦岗统稿。本书在编写过程中得到了多方支持和帮助，参考了各类专著与文献。为此，在本书出版之际，对他们表示由衷的感谢！

　　由于编者水平有限，加之时间仓促，书中疏漏之处在所难免，真诚希望广大读者批评指正，以期使本书更加完善。

编者

2014 年 5 月

目 录

课 程 引 导

1．课程定位及目标

（1）课程定位

"水泥化学分析"课程属于材料工程技术专业（水泥方向）岗位能力课程，是专业必修的核心技能课程之一。该课程是由原来的"分析化学"、"水泥质量控制"、"水泥生产工艺技术"等课程解构、序化、重组而设计出来的一门专项能力课程，是材料工程技术专业毕业生从事水泥化学分析岗位工作所必修的专业核心课程。

（2）课程目标

① 能力目标

● 能查阅水泥生产原（燃）材料、生料、熟料及产品标准文献并能正确理解；

● 能根据相关标准的技术规定，正确进行固体样品的制备，并能采用常用的试样分解方法制成试样溶液；

● 能正确配制一般溶液、标准溶液、缓冲溶液及指示剂溶液等分析测试常用溶液；

● 能熟练使用分析仪器和设备，遵照操作规程完成水泥生产相关样品的组分全分析；

● 能提供科学、可靠的分析数据并进行数据处理；

● 能正确填写水泥生产企业分析检验原始记录、台账及检验报告等各种报表，解释所得信息和结果，分析测试误差产生的原因。

② 知识目标

● 了解分析天平、滴定分析仪器、重量分析仪器及辅助分析仪器和设备的使用知识；

● 掌握常用分析测试溶液的配制知识；

● 理解实验室环境管理和工作管理知识；

● 理解水泥生产原（燃）材料、生料、熟料及成品化学成分全分析各检测项目的基本原理和方法；

● 理解影响测定准确度的因素及测试误差产生的原因；

● 掌握分析数据的数理统计和可疑值取舍知识，掌握各组分测定结果的计算方法；

● 掌握固体试样的制备及分解方法。

③ 素质目标

● 具有分工协作、互相支持的团队精神；

● 培养科学严谨、认真负责的职业素养；

● 养成公正客观、实事求是的职业习惯；

● 形成爱岗敬业、忠于职守的工作作风；

● 确立安全规范、节约环保的思想意识。

2. 课程教学模式及考核评价

（1）教学模式

本课程主要采取"任务驱动、教学做一体化"的教学模式。在对建材化学分析工岗位进行典型工作任务分析的基础上，结合建材化学分析工国家职业标准对知识、能力、素质的要求，进行了课程设计，以企业真实的工作项目为引领，以典型的工作任务为教学内容，将水泥生产及化学分析相关知识渗透至每一个工作任务中，使学生在完成任务的过程中掌握学习内容，掌握水泥化学分析工岗位所必需的理论知识和操作技能，教师的指导和学生的操作融为一体，教学过程与工作过程相一致，形成一个基于工作过程系统化的"任务驱动、教学做一体化"的教学模式。

（2）考核评价

本课程的考核采用过程性考核和期末考试相结合的方式，同时将"建材化学分析工"职业技能鉴定纳入课程考核中，注重学生的职业素质考核和学习过程考核，分为理论知识考核、项目任务考核和综合技能训练考核三部分，具体方式如下：

● 理论知识考核（30%）

理论知识考核主要通过期末考试，采取闭卷笔试方式进行。考核内容主要包括水泥化学分析基本理论知识、分析结果计算及数据处理、对标准和规范的分析理解、仪器设备操作规程和分析检测操作规程等。

● 项目任务考核（40%）

项目任务考核（项目1～项目3）分为平时考核和操作技能考核两部分。平时考核包括平时考勤、习题作业、操作过程质量、分析方案、检测报告及课堂提问等方面；操作技能考核在项目完成后进行，从该教学项目中选择一个典型工作任务，要求学生在规定的时间内完成分析准备、测定、数据处理及检验报告等，根据其操作规范性、标准解读能力及数据处理能力等职业能力进行评分（具体评分细则见附录）。

● 综合技能训练考核（30%）

综合技能训练考核与"建材化学分析工"职业技能鉴定合并进行。学生在完成项目4"化学成分全分析综合训练"任务后，参加国家人力资源和社会保障部主办的"建材化学分析工"职业资格技能鉴定考试，由校内外考评员根据国家职业技能鉴定大纲组题进行理论考试和实操考试，以理论知识考试和技能操作考核成绩的平均成绩作为综合技能训练的考核成绩。

3. 水泥化学分析的基本流程

水泥及其原材料化学分析的基本流程如下：

试样准备 ⟶ 试剂准备 ⟶ 仪器准备 ⟶ 分析测试 ⟶ 数据处理 ⟶ 报告撰写

试样准备：采集、制备和分解试样。

试剂准备：制备分析测试所需的标准溶液和辅助试剂。

仪器准备：检查、调试所需的仪器设备。

分析测试：根据分析对象选择适当的分析方法，完成被测组分的测定，填写原始记录。

数据处理：根据数据处理的有关规定，对测试结果进行数据处理。

报告撰写：撰写检验报告及相关表格等。

4. 水泥企业化验室的职责范围

（1）化验室的职责和权限

① 质量检验

按照有关标准和规定，对原（燃）材料、半成品、成品进行检验。按规定做好质量记录和标识，及时提供准确可靠的检验数据,掌握质量动态,以保证产品检验的可追溯性。

② 质量控制

根据产品质量要求,制订原(燃)材料、半成品和成品的企业内控质量指标,组织实施过程质量控制,运用数理统计方法掌握质量波动规律,不断提高预见性与预防能力,并及时采取纠正措施、预防措施,使生产全过程处于受控状态。

③ 出厂水泥和水泥熟料的合格确认和验证

严格按照相关产品标准和企业制订的出厂水泥和水泥熟料合格确认程序进行确认和验证,杜绝不合格水泥和水泥熟料的出厂。

④ 质量统计和分析

利用数理统计方法,及时进行质量统计,做好分析和改进工作。

⑤ 试验研究

根据原(燃)材料、助磨剂、混合材等材料的变更情况及用户需求,及时进行产品试验研究,提高水泥和熟料的质量,改善产品的使用性能。

⑥ 化验室具有水泥和水泥熟料出厂决定权

(2)化学分析工岗位职责

① 负责水泥生产过程中所有原(燃)材料、半成品、成品的化学全分析,并接受科研试验、厂院对比和外单位委托样品的检测工作。

② 负责标准溶液、普通溶液等化学试剂的配制与标定,以及标准溶液的标定、复标、贮存和发放工作。

③ 严格执行国家、行业的水泥化学分析标准和操作规程,确保各项分析数据真实、可靠。

④ 正确使用分析仪器与设备,做好仪器与设备的维护保养,负责计量器具的定期自校和检定。

⑤ 严格执行《原始记录、台账与检验报告填写、编制审核制度》,做好分析记录并归档保存,认真填写日报、周报、月报。

⑥ 保持实验室仪器设备、操作台及工作区域的卫生清洁。

⑦ 遵守劳动纪律,认真工作,严格做好交接班工作。

5. 水泥企业化学分析岗位安全操作规程

(1)分析操作人员必须经过有效的技术及安全培训,经考试合格,方可上岗。

(2)分析实验室及各工作间必须按专业部门的指定配备有效的消防器材,岗位人员应熟练掌握所配备的消防器材的正确使用方法。

(3)岗位人员必须熟悉本实验室及周围环境,清楚水、气、热源、电源开关等的分布。

(4)分析室的环境要保持整洁,所用仪器用具应保存完好。

(5)分析操作人员必须严格按照说明书的技术操作要求及安全规程要求操作分析工作各环节所使用的设备和仪器,不得违章作业,并有权拒绝和制止他人违章指挥和违章作业。

(6)工作前,必须穿好规定的防护用品。在接触酸、碱、热溶液及各种有腐蚀性、毒害性的试剂前,必须戴好防护手套等保护用品;在开启强酸、强碱试剂瓶时要有遮挡措施;所有能产生刺激性、腐蚀性、挥发性等有毒、有害气体的操作必须在通风橱内进行。

(7)进行可燃性物质的作业时,必须与火源、热源和电气开关设备保持足够的安全距离,操作时附近不得有明火。

(8)所有试剂、容器、工具都必须专用。试剂必须标签明确,无标签、标签不明或过期的不能使用。

(9)相互间易于产生化学反应的试剂不得同架存放,要分放单存。

(10)有毒、有害试剂的使用和保管必须严格按照《化学试剂保管规定》执行,剩余部分必须由专人负责管理。

(11) 稀释强酸、强碱时，必须使用适宜的耐热容器，边搅拌边将浓酸或浓碱溶液缓缓倒入水中，严禁将水倒入浓酸或浓碱溶液中。

(12) 使用喷灯或酒精灯时必须严格按操作要领进行，操作要在沙盘中进行，在规定区域内操作，点火时只能用火柴。

(13) 洗瓶中的液体煮沸后，必须先用夹子从加热源上取下，并慢慢充分摇动，待温度均匀后再行使用。

(14) 进行未知样品或性能不明样品的试验时，要制订严密、可行的操作方案和安全方案。

(15) 烘箱、电炉、高温炉、水浴等加热设备必须放在水泥工作台上，使用人要负责监护，工作结束后要及时关闭电源。

(16) 所有仪器和设备要有良好的接地或漏电保护，电源要插牢，并按规定预热。严禁用湿手或导电体分合电气设备开关。

(17) 氧气瓶、液化石油气罐的使用、储存、搬运必须按技术及安全规程操作。

(18) 对实验室的电源布线及电气设备要定期检查，若发现问题应及时找专业维修人员处理。

(19) 汞柱温度计破碎后，要及时处理干净洒落的汞，然后在残迹溅落处洒硫黄粉。

(20) 使用纯水制备器制备纯水时，操作人员必须严格按照操作规程进行操作。在纯水制备器工作过程中，操作人员负责监护。遇到突然停电、停水时，要及时关闭电源、水源。

(21) 在采用燃烧法进行三氧化硫含量测定的操作时，不得用湿手操作仪器，分析过程中操作人员要连续监视测定过程，工作完毕应及时关闭电源。

(22) 加工、制作玻璃管或安装洗瓶玻璃导管等易碎玻璃器皿时，要戴好防护手套，以防止玻璃破碎伤手。

(23) 如果硫酸、盐酸、硝酸、氢氧化钾、氢氧化钠等强酸、强碱或磷酸、氢氟酸等腐蚀性酸不慎沾染皮肤，要立即用大量流动清水冲洗至少 15 min 并尽快就医。

项目 1　常规组分分析

项 目 描 述		本项目以水泥生产过程中的主要原材料,包括石灰石、黏土、铁矿石、砂岩、石膏及水泥生料等为分析对象,选择 SiO_2、Fe_2O_3、Al_2O_3、CaO、MgO、SO_3 及烧失量等常规组分为分析任务,通过项目任务的训练,使学生理解这些常规组分的测定原理,掌握滴定分析、重量分析等常规化学分析方法,并为后续开展物料化学成分全分析奠定基础
项 目 目 标	知 识 目 标	(1) 了解相关标准及规范对分析项目的相应要求,理解各测定指标对样品质量的影响; (2) 理解常规组分的测定原理; (3) 掌握分析数据运算、处理的相关规则
	能 力 目 标	(1) 能规范地进行滴定分析的基本操作,正确使用滴定分析基本仪器,正确判断滴定终点; (2) 能规范地进行重量分析的基本操作,包括称量、溶解、沉淀、过滤、洗涤、烘干和灼烧等; (3) 能完成 SiO_2、Fe_2O_3、Al_2O_3、CaO、MgO、SO_3 及烧失量等组分的测定; (4) 能根据标准及规范的要求,处理分析数据,判断分析结果是否符合标准及规范的要求; (5) 能正确、规范地填写原始记录、分析检验报告等表格
	素 质 目 标	(1) 确立安全、节约、环保的思想意识; (2) 培养科学严谨、认真负责的职业素养; (3) 养成客观公正、实事求是的职业习惯
项 目 任 务		任务 1　石灰石中 CaO、MgO 含量的测定(EDTA 配位滴定法) 任务 2　黏土中 Fe_2O_3、Al_2O_3 含量的测定(EDTA 配位滴定法) 任务 3　铁矿石中 Fe_2O_3 含量的测定($K_2Cr_2O_7$ 氧化还原滴定法) 任务 4　砂岩中 SiO_2 含量的测定(K_2SiF_6 滴定法) 任务 5　水泥生料烧失量的测定(灼烧差减法) 任务 6　石膏中 SO_3 含量的测定($BaSO_4$ 重量法)
项 目 实 施 要 求		项目分组实施,由组长负责组织实施,小组共同完成本项目的 6 个检测任务。 　任务实施要求:准备分析检测所需的仪器和设备;配制分析检测所需的标准溶液、指示剂溶液及其他辅助试剂溶液;完成任务要求组分的测定;规范、及时地填写原始记录,完成数据处理;提交分析检测报告

任务 1　石灰石中 CaO、MgO 含量的测定
（EDTA 配位滴定法）

【任务描述】

根据国家标准《建材用石灰石、生石灰和熟石灰化学分析方法》（GB/T 5762—2012）中规定的 CaO、MgO 含量测定方法，利用 EDTA 配位滴定法完成石灰石中 CaO、MgO 含量的测定。通过本任务的训练，使学生理解配位滴定法测定钙、镁含量的基本原理，能够熟练进行滴定分析基本操作，能够根据共存离子情况选择适当的方法消除干扰离子的影响，能够规范填写原始记录、正确处理数据。

【任务解析】

1. 测定意义

凡是以碳酸钙为主要成分的原料都属于石灰质原料。石灰质原料是制造硅酸盐水泥熟料的主要原料，主要提供水泥熟料矿物中的氧化钙。常用的天然石灰质原料主要有石灰石、泥灰岩、白垩、贝壳等，同时电石渣、糖泥渣、赤泥、白泥等工业废渣也可作为石灰质原料使用。我国大部分水泥生产企业使用的石灰质原料是石灰石。

石灰石是水泥生产企业使用最为广泛的石灰质原料，其主要成分为碳酸钙（$CaCO_3$）。石灰石品位的高低主要由 CaO 含量来决定。用于水泥生产的石灰石中的 CaO 含量并非越高越好，还要看其他氧化物，如 SiO_2、Fe_2O_3、Al_2O_3 等的含量是否满足配料要求，同时还要控制其有害成分的含量，如 MgO、R_2O、游离 SiO_2、SO_3 等。水泥生产用石灰石的一般质量要求见表 1-1-1。

表 1-1-1　水泥生产用石灰石质量标准

品位	CaO	MgO	R_2O	SO_3	燧石或石英
一级品	＞48%	＜2.5%	＜1.0%	＜1.0%	＜4.0%
二级品	45%～48%	＜3.0%	＜1.0%	＜1.0%	＜4.0%

石灰石在水泥生料中的含量约占 80%，其化学成分的波动直接影响水泥生料的化学成分的稳定性，所以石灰石质量的控制是水泥生产过程中的重要环节。CaO 作为石灰石的主要成分，决定石灰石的品位；MgO 作为石灰石中的主要有害成分，直接影响水泥的安定性，因此 CaO、MgO 含量的测定对于石灰石的质量控制尤为重要。

2. 方法提要

（1）CaO 含量的测定：在不分离硅的酸性溶液中进行钙的滴定时，首先在酸性溶液中加入适量的氟化钾，以抑制硅酸的干扰。为消除干扰离子的干扰，以三乙醇胺为掩蔽剂，同时以 CMP 为指示剂，然后在 pH=13 的强碱性溶液中，Ca^{2+} 与 CMP 混合指示剂发生配位反应，生成有绿色荧光的配合物，但此配合物不如 Ca^{2+} 与 EDTA 所形成的无色配合物稳定。因此，当用 EDTA 标准溶液进行滴定时，原来与 CMP 配位的 Ca^{2+} 全部被 EDTA 所夺取，绿色荧光消失，指示剂则游离出来，呈现出本身的红色，即到达终点。

（2）MgO 含量的测定：在 pH=10 的溶液中，以三乙醇胺、酒石酸钾钠作掩蔽剂，用酸性铬蓝

K-萘酚绿 B 作指示剂（K-B 指示剂），以 EDTA 标准滴定溶液滴定钙、镁的总含量。从滴定 Ca^{2+}、Mg^{2+} 总含量所消耗的 EDTA 的量中减去滴定 Ca^{2+} 时所消耗的 EDTA 量，即可求得 MgO 的含量。

【相关知识】

1. 配位剂 EDTA 的性质

乙二胺四乙酸，简称"EDTA"，通常用 H_4Y 表示。在水溶液中成为六元酸。其各级的解离过程可简写如下：

$$H_6Y^{2+} \underset{0.9}{\overset{pKa_1}{\rightleftharpoons}} H_5Y^+ \underset{1.6}{\overset{pKa_2}{\rightleftharpoons}} H_4Y \underset{2.07}{\overset{pKa_3}{\rightleftharpoons}} H_3Y^- \underset{2.75}{\overset{pKa_4}{\rightleftharpoons}} H_2Y^{2-} \underset{6.24}{\overset{pKa_5}{\rightleftharpoons}} HY^{3-} \underset{10.34}{\overset{pKa_6}{\rightleftharpoons}} Y^{4-}$$

可见，在水溶液中 EDTA 可以 H_6Y^{2+}、H_5Y^+、H_4Y、H_3Y^-、H_2Y^{2-}、HY^{3-} 和 Y^{4-} 七种形式存在。在 EDTA 的这七种形式中，只有 Y^{4-} 形体能够与金属离子直接配位！

EDTA 几乎能与所有的金属离子形成易溶的配合物，具有广泛的配位性能；配位比简单，与大多数金属离子均按 1∶1 配位；大多数形成具有五元环或六元环结构的螯合物，稳定性高；配合物颜色会加深，配位滴定能在水溶液中进行，具有良好的水溶性。

2. 配位反应及副反应

在配位滴定中，配合物的稳定性用绝对稳定常数 K_{MY} 来表示，K_{MY} 越大，表示相应的配合物越稳定；反之，就越不稳定。配合物的稳定常数常用其对数形式表示，即 $\lg K_{MY}$。常见金属离子与 EDTA 形成的配合物的稳定常数见表 1-1-2。

表 1-1-2　EDTA 与一些常见金属离子形成的配合物的稳定常数（$t = 20$ ℃）

阳离子	$\lg K_{MY}$	阳离子	$\lg K_{MY}$	阳离子	$\lg K_{MY}$
Na^+	1.66	Ce^{3+}	15.89	Cu^{2+}	18.80
Li^+	2.79	Al^{3+}	16.30	Hg^{2+}	21.80
Ba^{2+}	7.86	Co^{2+}	16.31	Th^{4+}	23.20
Sr^{2+}	8.73	Cd^{2+}	16.46	Cr^{3+}	23.40
Mg^{2+}	8.69	Zn^{2+}	16.50	Fe^{3+}	25.10
Ca^{2+}	10.69	Pb^{2+}	18.04	U^{4+}	25.80
Mn^{2+}	13.87	Y^{3+}	18.09	Bi^{3+}	27.94

在配位滴定中，主反应是被测金属离子（M）与滴定剂 EDTA（Y）的配位反应。同时，由于为了提高配位滴定的准确度和选择性而加入的缓冲溶液、掩蔽剂以及其他干扰离子的存在，还可能发生以下各种副反应：

注：L 为辅助配位剂，N 为干扰/共存离子。

上述各种副反应的发生都将影响主反应进行的完全程度。其中金属离子 M 和滴定剂 EDTA（Y）所发生的任何副反应均会使主反应的反应平衡向左移动，不利于主反应的进行。

（1）EDTA 的酸效应及酸效应系数 $\alpha_{Y(H)}$

EDTA 与金属离子的反应，本质是 Y^{4-} 与金属离子 M 的反应。由 EDTA 的离解平衡可知，Y^{4-} 只是 EDTA 各种存在形式中的一种，只有当 pH≥12 时，EDTA 才全部以 Y^{4-} 形式存在。随着溶液 pH 值的减小，Y^{4-} 会被进一步质子化，发生 Y^{4-} 与 H^+ 的副反应，从而逐级形成 HY^{3-}、H_2Y^{2-}、…、H_6Y^{2+} 等一系列氢配合物，使 Y^{4-} 减少，导致 EDTA 与 M 的反应能力降低，影响主反应进行的程度。

这种由于 H^+ 与 Y^{4-} 作用而使 Y^{4-} 参与主反应的能力下降的现象称为 EDTA 的酸效应。 表征这种副反应进行程度的副反应系数，称为酸效应系数，以 $\alpha_{Y(H)}$ 表示。$\alpha_{Y(H)}$ 越大，配合物（MY）的稳定性越差。

在一定温度条件下，EDTA 的酸效应系数 $\alpha_{Y(H)}$ 只随溶液酸度的变化而变化。溶液的酸度越大，$\alpha_{Y(H)}$ 就越大，表明 EDTA 的酸效应程度就越严重。

不同 pH 值时 EDTA 的 $\lg\alpha_{Y(H)}$ 见表 1-1-3。

表 1-1-3　不同 pH 值时的酸效应系数

pH	$\lg\alpha_{Y(H)}$	pH	$\lg\alpha_{Y(H)}$	pH	$\lg\alpha_{Y(H)}$
0.0	23.64	3.4	9.70	6.8	3.55
0.4	21.32	3.8	8.85	7.0	3.32
0.8	19.08	4.0	8.44	7.5	2.78
1.0	18.01	4.4	7.64	8.0	2.27
1.4	16.02	4.8	6.84	8.5	1.77
1.8	14.27	5.0	6.45	9.0	1.28
2.0	13.51	5.4	5.69	9.5	0.83
2.4	12.19	5.8	4.98	10.0	0.45
2.8	11.09	6.0	4.65	11.0	0.07
3.0	10.60	6.4	4.06	12.0	0.01

（2）金属离子的配位效应及其副反应系数 α_M

在配位滴定中，金属离子常发生两类副反应：一类是金属离子在水中和 OH^- 生成各种羟基化配离子，使金属离子参与主反应的能力下降，这种现象称为金属离子的羟基配位效应，也称金属离子的水解效应，其羟基配位效应系数可用 $\alpha_{M(OH)}$ 表示；另一类是金属离子与辅助配位剂的作用，有时为了防止金属离子在滴定条件下生成沉淀或掩蔽干扰离子等，在试液中需加入某些辅助配位剂（L），使金属离子与辅助配位剂发生作用，从而产生金属离子的辅助配位效应。

这种由于配位剂 L 与金属离子 M 的配位反应而使主反应能力降低的现象称为金属离子的配位效应。 金属离子的配位效应进行的程度用配位效应系数 $\alpha_{M(L)}$ 表示。$\alpha_{M(L)}$ 越大，配合（MY）的稳定性越差。

（3）配合物 MY 的条件稳定常数

如果 M 和 Y 在形成配合物 MY 时存在副反应，那么 K_{MY} 的大小就不能完全反映主反应进行的完全程度。由于反应物发生副反应将导致主反应进行的完全程度降低，而 MY 生成的混合配合物大多数不稳定，它的混合配位效应副反应系数一般情况下可以忽略，因此配位平衡中的副反应往往导致配合物的稳定性降低。

在一定条件下，考虑副反应对配合物的影响而得到配合物实际的稳定常数，称为"条件稳定常数"，也称"表观稳定常数"，用 K'_{MY} 表示。K'_{MY} 是定量表示有副反应发生时 MY 稳定性的重要参数，副反应系数越大，K'_{MY} 就越小，其有意义的取值范围是 $K'_{MY}\leqslant K_{MY}$。当各种副反应均不存在时，其各种副反应系数均为 1，此时：$K'_{MY}=K_{MY}$。

影响配位滴定主反应完全程度的因素很多，但一般情况下，若系统中既无共存离子干扰也不存在辅助配位剂时,影响主反应的是EDTA的酸效应和金属离子的羟基配位效应;当金属离子不会形成羟基配合物时,影响主反应的因素就是EDTA的酸效应。此时,条件稳定常数的计算式为:

$$\lg K'_{MY} = \lg K_{MY} - \lg \alpha_{Y(H)} \tag{1-1-1}$$

式中　K'_{MY}——配合物MY的条件稳定常数;

　　　K_{MY}——配合物MY的绝对稳定常数;

　　　$\alpha_{Y(H)}$——EDTA的酸效应系数。

【例1-1-1】　分别计算pH值为2.0、5.0、10.0和12.0时,ZnY的条件稳定常数($\lg K'_{ZnY}$)。

【解】　该反应体系中可能存在的副反应是EDTA的酸效应和Zn^{2+}的水解效应。

（1）当pH＝2.0时,查表得$\lg K_{ZnY}=16.5$,$\lg \alpha_{Y(H)}=13.5$,$\lg \alpha_{Zn(OH)}=0$,则

$$\lg K'_{ZnY} = \lg K_{ZnY} - \lg \alpha_{Y(H)} = 16.5 - 13.5 = 2.5$$

（2）当pH＝5.0时,查表得,$\lg \alpha_{Y(H)}=6.45$,$\lg \alpha_{Zn(OH)}=0$,则

$$\lg K'_{ZnY} = \lg K_{ZnY} - \lg \alpha_{Y(H)} = 16.5 - 6.45 = 10.05$$

（3）当pH＝10.0时,查表得$\lg \alpha_{Y(H)}=0.45$,$\lg \alpha_{Zn(OH)}=2.40$,则

$$\lg K'_{ZnY} = \lg K_{ZnY} - \lg \alpha_{Y(H)} - \lg \alpha_{Zn(OH)} = 16.5 - 0.45 - 2.40 = 13.65$$

（4）pH＝12.0时,查表得$\lg \alpha_{Y(H)}=0.01$,$\lg \alpha_{Zn(OH)}=8.5$,则

$$\lg K'_{ZnY} = \lg K_{ZnY} - \lg \alpha_{Y(H)} - \lg \alpha_{Zn(OH)} = 16.5 - 0.01 - 8.5 = 7.99$$

欲使配位滴定反应进行完全,控制适宜的pH条件非常重要!

3. 配位反应中准确滴定的条件

（1）单一离子准确滴定的条件

配位滴定中,常采用金属指示剂指示滴定终点,由于人眼判断颜色变化的局限性,总有±(0.2~0.5)pM单位的不确定性,必然会造成终点观测误差。即使指示剂的变色点与滴定的化学计量点完全一致,使得终点误差为零,但是这种由于终点观测的不确定性而造成的终点观测误差依然存在。

若要求控制滴定分析误差在±0.1%之内,并规定终点观测的不确定性为±0.2 pM单位,用等浓度的EDTA滴定浓度为c的金属离子M,可得到配位滴定中,单一金属离子M能够被直接滴定的条件为:

$$\lg(c_M^{sp} K'_{MY}) \geqslant 6 \tag{1-1-2}$$

式中　K'_{MY}——配合物MY的表观稳定常数;

　　　c_M^{sp}——金属离子M化学计量点时的浓度,mol/L。

通常将式(1-1-2)作为判断能否准确进行配位滴定的条件。但应注意这个条件不是绝对的、无条件的。

（2）配位滴定中的酸度控制与选择

在各种影响配位滴定的因素中,酸度的影响是最重要的。一般来说,如果pH值太低,EDTA的酸效应会很严重,将导致滴定的突跃过小,从而无法滴定;而如果pH值太高,金属离子则可能产生氢氧化物沉淀,同样会使滴定无法进行。因此,pH条件的控制就成为配位滴定中特别需要注意的问题,也是学习的重点之一。

在配位滴定中,通常通过选择适当的缓冲溶液来控制滴定溶液的酸度!

下面讨论单一金属离子M被EDTA准确滴定时,应当如何确定适宜的pH值范围和最佳pH值。

① 最高酸度（最低pH值）

有可能直接滴定某种金属离子的最大酸性条件,称为滴定该金属离子的**最高允许酸度**,简称"**最高酸度**"。最高酸度（最低pH值）的概念是与直接准确滴定的概念联系在一起的。前已述及,金属离子M只有当其满足$\lg(c_M^{sp}K'_{MY})\geqslant 6$时,才有可能直接准确滴定。如果这时除了EDTA的酸效应外,不存在其他的副反应,则可据此直接导出滴定该金属离子的最高酸度条件。

当滴定误差$-0.1\% \leqslant TE \leqslant 0.1\%$，在准确滴定的条件为$\lg(c_M^{sp}K'_{MY}) \geqslant 6$时，若金属离子的浓度$c_M^{sp} = 1.0 \times 10^{-2}$ mol/L，上述判据可简化为：

$$\lg K'_{MY} \geqslant 8 \tag{1-1-3}$$

由于在pH值较小时，EDTA的酸效应是影响准确滴定的主要因素，M的水解效应很小，可忽略不计。因此根据判据$\lg K'_{MY} \geqslant 8$，即：

$$\lg K'_{MY} = \lg K_{MY} - \lg \alpha_{Y(H)} \geqslant 8$$

则：

$$\lg \alpha_{Y(H)} \leqslant \lg K_{MY} - 8 \tag{1-1-4}$$

根据式(1-1-4)可计算出准确滴定各种金属离子允许的最大$\lg \alpha_{Y(H)}$，其所对应的酸度(pH值)就是在此条件下准确滴定金属离子M所允许的最高酸度，即：最低pH值。

【例1-1-2】 试计算以0.02 mol/L EDTA标准滴定溶液准确滴定相同浓度的Zn^{2+}溶液所允许的最低pH值。

【解】 已知：$\lg K_{ZnY} = 16.5$，由式(1-1-4)得：

$$\lg \alpha_{Y(H)} \leqslant \lg K_{MY} - 8 = 16.5 - 8 = 8.5$$

用内插法，查表1-1-3可知，当$\lg \alpha_{Y(H)} = 8.5$时，$pH_{min} \approx 4.0$。

因此，采用EDTA标准滴定溶液准确滴定Zn^{2+}溶液所允许的最低pH值为$pH_{min} \geqslant 4.0$。

在配位滴定中，了解各种金属离子滴定时的最高允许酸度，对解决实际问题是有一定意义的。根据式(1-1-4)，采用与【例1-1-2】相同的方法计算滴定各种金属离子所允许的最高酸度(最低pH值)，并将所得最高酸度对其$\lg K_{MY}$作图(或以最低pH值对应的最大$\lg \alpha_{Y(H)}$作图)，所得曲线称为"酸效应曲线"(又称"林邦曲线")，如图1-1-1所示。

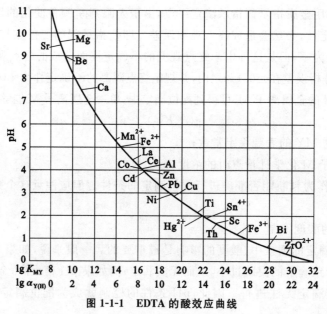

图1-1-1　EDTA的酸效应曲线

($c_M = c_Y = 0.01$ mol/L，$-0.1\% \leqslant TE \leqslant 0.1\%$)

如图1-1-1所示，图中金属离子位置所对应的pH值，就是准确滴定该金属离子时所允许的最低pH值。

② 最低酸度(最高pH值)

在配位滴定中，如果仅从EDTA的酸效应的角度考虑，似乎酸性越低，K'_{MY}越大，滴定突跃也越大，对准确滴定就越有利。但实际上，对多数金属离子来说，当酸性降低到一定水平之后，不仅金属离子本身的水解效应会突显起来，该金属离子的氢氧化物沉淀也会产生。而由此产生的氢氧化物在滴定过程中有时根本不可能再转化为EDTA的配合物，或者可以转化但转化率非常小，毫无疑问，这样将严重影响滴定的准确度。因此,在这样低的酸性条件下进行配位滴定是不可取的。配位滴定的最低允许酸度的概念便由此提出。通常把金属离子开始产生氢氧化物沉淀时的 pH 值称为**最低酸度**。它可以由该金属离子氢氧化物沉淀的溶度积求出。

$$M + nOH^- \Longrightarrow M(OH)_n \downarrow$$

$$[OH^-] = \sqrt[n]{\frac{K_{sp}}{c_M}} \qquad\qquad (1\text{-}1\text{-}5)$$

式中　K_{sp}——金属离子氢氧化物 $M(OH)_n$ 的溶度积常数;

　　　c_M——平衡时金属离子的浓度,mol/L。

【**例 1-1-3**】　求 EDTA 滴定 0.02 mol/L Zn^{2+} 溶液的最低酸度。$\left[K_{sp,Zn(OH)_2}=10^{-15.3}\right]$

【**解**】

$$[OH^-]^2[Zn^{2+}]=K_{sp,Zn(OH)_2}=10^{-15.3}$$

则

$$[OH^-]=\sqrt{\frac{K_{sp,Zn(OH)_2}}{c_{Zn^{2+}}}}=\sqrt{\frac{10^{-15.3}}{0.02}}=10^{-6.8}$$

$$pH=14-6.8=7.2$$

计算结果表明:EDTA 滴定 Zn^{2+} 溶液的最低酸度为 pH=7.2。

需要指出:滴定金属离子的最高酸度和最低酸度都是在一定假设条件下求得的。当条件不同时,其数值将相应发生变化。

4. 金属指示剂

配位滴定与其他滴定一样,判断滴定终点的方法有多种,其中最常用的是以金属指示剂来判断滴定终点的方法。金属指示剂可分为两类:一类是指示剂本身在不同酸度条件下具有明显的颜色,与金属离子配位后,又呈现出另一种与其本身不同的颜色,这种指示剂称为"金属显色指示剂";另一类指示剂是本身无色或颜色很浅,与金属离子反应后形成有色配合物,这种指示剂称为"无色金属指示剂"。在配位滴定中普遍使用的是金属显色指示剂,下面将对其作进一步讨论。

(1)金属指示剂的性质和作用原理

金属指示剂与酸碱指示剂的作用原理不同。金属指示剂是一种有机配位剂,多为有机弱酸,存在酸效应。在一定条件下,它与金属离子形成一种稳定且颜色与其自身颜色显著不同的配合物,从而指示滴定过程中金属离子浓度的变化情况。

滴定前,加入的指示剂 In,使之与 M 形成配合物 MIn,其反应式为:

M＋ In $\Longrightarrow$ MIn　(显色反应)

甲色　　乙色

滴入 EDTA,金属离子 M 逐渐被配位。当接近化学计量点时,已与指示剂配位的金属离子被 EDTA 夺出,释放出指示剂,于是形成了溶液颜色的变化。

MIn＋Y $\Longrightarrow$ MY＋ In　(变色反应)

乙色　　　　　　甲色

可见,金属指示剂变色反应的实质是滴定剂与指示剂同金属离子形成配合物间的置换反应。因此,配位滴定终点通常为游离指示剂(In)颜色与金属离子 EDTA 配合物(MY)颜色的混合色。

(2)金属指示剂应具备的条件

① 颜色的对比度要大。即在滴定条件下,指示剂本身的颜色应与指示剂配合物的颜色明显不同。

② MIn 配合物的稳定性要适当。$\lg K_{MIn}$ 既不能太大,也不能太小。也就是说它既要有足够的稳定性,又要比 MY 的稳定性小。若 $\lg K_{MIn}$ 太大,则在滴定终点时 EDTA 无法将指示剂 In 从 MIn 中置换出来,使滴定终点滞后甚至有可能无法产生正常色变;反之,若 $\lg K_{MIn}$ 太小,则 MIn 易解离,导致滴

定终点变色不敏锐或滴定终点提前。

这是配位滴定选择指示剂与滴定条件的一个重要原则!

③ MIn 的水溶性要好。若生成胶体或沉淀,会使变色不明显。

④ 显色反应要灵敏、迅速,并且有良好的变色可逆性。

(3)使用金属指示剂时的几个常见问题

① 指示剂的"封闭"现象

在配位滴定中,如果指示剂与金属离子形成更稳定的配合物而不能被 EDTA 置换(即:$\lg K_{MIn} > \lg K_{MY}$),则到滴定终点时,虽然加入了过量的 EDTA,但也无法置换出 MIn 中的 In,导致在化学计量点附近没有颜色变化,这种状况称为指示剂的"封闭"现象。

常采用的消除指示剂的封闭现象的方法为加入适当的掩蔽剂,使干扰离子与之形成更稳定的其他配合物,从而不再与指示剂作用。例如,在 pH=10 时,用 EDTA 滴定 Ca^{2+}、Mg^{2+} 的总含量时,以铬黑T(EBT)作指示剂,溶液中存在的 Fe^{3+}、Al^{3+} 等离子就会封闭 EBT。对此,加入适当的三乙醇胺和 KCN 或硫化物等掩蔽剂,即可消除上述封闭现象。若干扰离子的含量较大,应进行分离处理。

此外,被测金属离子与指示剂的反应可逆性较差(即:$\lg K_{MIn}$ 太小)也会造成指示剂的封闭,对此,应更换指示剂或改变滴定方式(如采用返滴定法)。有时,使用的蒸馏水不合要求,其中含有微量的重金属离子,也会引起指示剂的封闭,因此,配位滴定要求蒸馏水达到一定的质量标准。

② 指示剂的"僵化"现象

有些指示剂(In)或其金属离子配合物(MIn)在水中的溶解度太小,导致 EDTA 与 MIn 的置换反应进行缓慢,使滴定终点滞后,这种现象称为指示剂的"僵化"。

一般采用的消除指示剂僵化现象的方法为加热或加入与水互溶的有机溶剂以增大其溶解度。加热还可以加快反应速率。例如,以 PAN 作指示剂时,在温度较低时容易发生僵化,因此在测定时,常加入酒精或丙酮或在加热条件下测定,从而消除指示剂的僵化现象。

在可能发生僵化现象时,接近滴定终点时更要缓慢滴定,并剧烈振摇。

③ 指示剂的氧化变质

金属指示剂大多数为含双键的有机化合物,易受日光、氧化剂、空气等的作用而分解,有些在水溶液中不稳定,日久变质,导致在使用时出现反常现象。

为了防止指示剂的氧化变质,有些指示剂可以用中性盐(如 NaCl、KNO_3)固体稀释后,配成固体指示剂使用,以增强其稳定性。一般金属指示剂都不宜久放,最好是现用现配。

【任务实施】

1. 任务准备

(1)试剂

试剂名称	规格	试剂名称	规格	试剂名称	规格
EDTA 二钠盐 ($Na_2H_2Y \cdot 2H_2O$)	分析纯(A.R)	盐酸(HCl)	分析纯(A.R)	氟化钾(KF)	分析纯(A.R)
三乙醇胺(TEA)	分析纯(A.R)	氢氧化钠(NaOH)	分析纯(A.R)	氢氧化钾(KOH)	分析纯(A.R)
氨水($NH_3 \cdot H_2O$)	分析纯(A.R)	氯化铵(NH_4Cl)	分析纯(A.R)	硝酸(HNO_3)	分析纯(A.R)
碳酸钙($CaCO_3$)	基准试剂	钙黄绿素	分析纯(A.R)	甲基百里香酚蓝	分析纯(A.R)
酚酞	分析纯(A.R)	硝酸钾(KNO_3)	分析纯(A.R)	酒石酸钾钠	分析纯(A.R)
酸性铬蓝 K	分析纯(A.R)	萘酚绿 B	分析纯(A.R)		

（2）仪器

名称	规格	名称	规格	名称	规格
滴定管	50 mL	移液管	25 mL	容量瓶	250 mL
烧杯	300 mL	分析天平	0.0001 g	托盘天平	0.1 g
高温炉		电炉		银坩埚	
试剂瓶		洗耳球		玻璃棒	
干燥箱		干燥器		量筒	

（3）试剂与溶液的制备

CMP 混合指示剂：将 1.000 g 钙黄绿素、1.000 g 甲基百里香酚蓝、0.200 g 酚酞与 50 g 已于 105～110 ℃下烘干过的硝酸钾（KNO_3）混合研细，保存在磨口瓶中。

K-B 混合指示剂：将 1.000 g 酸性铬蓝 K、2.500 g 萘酚绿 B 与 50 g 已于 105～110 ℃下烘干过的硝酸钾（KNO_3）混合研细，保存在磨口瓶中。当滴定终点颜色不正确时，可调节酸性铬蓝 K 与萘酚绿 B 的配制比例，并通过国家标准样品或标准物质进行对比确认。

HCl(1+1)：将 1 份体积浓盐酸与 1 份体积水混合。

HCl(1+5)：将 1 份体积浓盐酸与 5 份体积水混合。

$NH_3 \cdot H_2O$(1+1)：将 1 份体积浓氨水与 1 份体积水混合。

三乙醇胺(1+2)：将 1 份体积三乙醇胺与 2 份体积水混合。

KOH 溶液(200 g/L)：将 200 g 氢氧化钾（KOH）溶于水，加水稀释至 1 L，贮存于塑料瓶中。

NH_3-NH_4Cl 缓冲溶液(pH=10)：将 67.5 g 氯化铵（NH_4Cl）溶于水中，加入 570 mL 氨水（$NH_3 \cdot H_2O$），加水稀释至 1 L。

酒石酸钾钠溶液(100 g/L)：将 10 g 酒石酸钾钠（$C_4H_4KNaO_6 \cdot 4H_2O$）溶于水中，加水稀释至 100 mL。

氟化钾溶液(20 g/L)：将 20 g 氟化钾（KF）溶于水中，加水稀释至 1 L，贮存于塑料瓶中。

（4）标准滴定溶液的制备

① EDTA 标准溶液(0.015 mol/L)的配制

EDTA 是配位滴定法中常用的标准滴定溶液。实验室常采用 EDTA 二钠盐（$Na_2H_2Y \cdot 2H_2O$）作滴定剂，也称 EDTA。EDTA 的二钠盐（$Na_2H_2Y \cdot 2H_2O$）试剂常因吸附约 0.3% 的水分和其中含有少量的杂质，不能直接配制标准溶液，一般采用间接法配制。

标定 EDTA 的基准物很多，如含量不低于 99.95% 的金属铜、锌、镍、铅等以及它们的金属氧化物，或某些盐类，如 $ZnSO_4 \cdot 7H_2O$、$MgSO_4 \cdot 7H_2O$、$CaCO_3$ 等。在水泥化学分析中，标定 EDTA 标准滴定溶液通常采用的基准物质是碳酸钙（$CaCO_3$）。

配制方法：称取 5.6 g EDTA 二钠盐（乙二胺四乙酸二钠，$C_{10}H_{14}N_2Na_2O_8 \cdot 2H_2O$）置于烧杯中，加入约 200 mL 水，加热溶解，过滤，稀释至 1 L，转入聚乙烯塑料瓶中，摇匀，贴上标签备用。

② $CaCO_3$ 标准溶液(0.024 mol/L)的配制

准确称取 0.6 g 已于 105～110 ℃下烘过 2 h 的碳酸钙（$CaCO_3$，基准试剂），精确至 0.0001 g，置于 300 mL 烧杯中，加入约 100 mL 水，盖上表面皿，沿杯口慢慢加入 5～10 mL HCl(1+1)，搅拌至 $CaCO_3$ 全部溶解，加热煮沸并微沸 1～2 min，冷却至室温后，定量转入 250 mL 容量瓶中，稀释，定容，摇匀。

③ EDTA 标准溶液准确浓度的标定

准确移取 25.00 mL 上述 $CaCO_3$ 标准溶液，置于 300 mL 烧杯中，加水稀释至 200 mL，加入适量的 CMP 混合指示剂,在搅拌下加入 KOH 溶液(200 g/L)至出现绿色荧光后再过量 2～3 mL,用待标定的 EDTA 标准溶液滴定至绿色荧光消失并呈现红色,即为终点,记录 EDTA 标准溶液所消耗的体积(V_{EDTA})。

EDTA 标准滴定溶液的浓度按式(1-1-6)计算:

$$c_{EDTA} = \frac{m_{CaCO_3} \times 1000}{V_{EDTA} \times 10 \times 100.9} = \frac{m_{CaCO_3}}{V_{EDTA} \times 1.009} \quad (1-1-6)$$

式中　c_{EDTA}——EDTA 标准滴定溶液的浓度,mol/L;

　　　m_{CaCO_3}——称量的基准物质 $CaCO_3$ 的质量,g;

　　　V_{EDTA}——标定时消耗 EDTA 标准滴定溶液的体积,mL;

　　　100.09——基准物质 $CaCO_3$ 的摩尔质量,g/mol;

　　　10——$CaCO_3$ 标准溶液的总体积与所分取溶液的体积比。

EDTA 标准滴定溶液对三氧化二铁(Fe_2O_3)、三氧化二铝(Al_2O_3)、氧化钙(CaO)和氧化镁(MgO)的滴定度分别按式(1-1-7)～式(1-1-10)计算:

$$T_{Fe_2O_3} = c_{EDTA} \times 159.70 \times \frac{1}{2} = \frac{m_{CaCO_3}}{V_{EDTA} \times 1.009} \times 79.85 \quad (1-1-7)$$

$$T_{Al_2O_3} = c_{EDTA} \times 101.96 \times \frac{1}{2} = \frac{m_{CaCO_3}}{V_{EDTA} \times 1.009} \times 50.98 \quad (1-1-8)$$

$$T_{CaO} = c_{EDTA} \times 56.08 = \frac{m_{CaCO_3}}{V_{EDTA} \times 1.009} \times 56.08 \quad (1-1-9)$$

$$T_{MgO} = c_{EDTA} \times 40.31 = \frac{m_{CaCO_3}}{V_{EDTA} \times 1.009} \times 40.31 \quad (1-1-10)$$

式中　$T_{Fe_2O_3}$——EDTA 标准滴定溶液对三氧化二铁(Fe_2O_3)的滴定度,mg/mL;

　　　$T_{Al_2O_3}$——EDTA 标准滴定溶液对三氧化二铝(Al_2O_3)的滴定度,mg/mL;

　　　T_{CaO}——EDTA 标准滴定溶液对氧化钙(CaO)的滴定度,mg/mL;

　　　T_{MgO}——EDTA 标准滴定溶液对氧化镁(MgO)的滴定度,mg/mL;

　　　c_{EDTA}——EDTA 标准滴定溶液的浓度,mol/L;

　　　m_{CaCO_3}——称量的基准物质 $CaCO_3$ 的质量,g;

　　　V_{EDTA}——标定时消耗 EDTA 标准滴定溶液的体积,mL;

　　　159.70——三氧化二铁(Fe_2O_3)的摩尔质量,g/mol;

　　　101.96——三氧化二铝(Al_2O_3)的摩尔质量,g/mol;

　　　56.08——氧化钙(CaO)的摩尔质量,g/mol;

　　　40.31——氧化镁(MgO)的摩尔质量,g/mol。

(5) 分析试样的准备

试样应具有代表性和均匀性。采用四分法或缩分器将试样缩分至约 100 g,经 150 μm 的方孔筛筛析,将筛余物经过研磨后使其全部通过孔径为 150 μm 的方孔筛,充分混匀,装入试样瓶中,密封保存。分析前在 105～110 ℃干燥箱中干燥 2 h,盖好试样瓶盖子,放入干燥器中冷却至室温,供测定用。

2. 实施步骤

(1) 试样的分解

称取约 0.6 g 试样(m_s),精确至 0.0001 g,置于银坩埚中,加入 6～7 g 氢氧化钠(NaOH),盖上坩埚盖(留有缝隙),放入高温炉中,从低温升起,在 650～700 ℃的高温下熔融 20 min,期间取出摇动

1次。取出冷却,将坩埚放入已盛有100 mL沸水的300 mL烧杯中,盖上表面皿,在电炉上适当加热,待熔块完全浸出后,取出坩埚,用水冲洗坩埚和盖。在搅拌下一次加入25～30 mL盐酸(HCl),再加入1 mL硝酸(HNO₃),用热的盐酸(1+5)洗净坩埚和盖。将溶液加热煮沸,冷却至室温后,定量转移至250 mL容量瓶中,用水稀释至标线,摇匀。

(2) CaO的含量测定

准确移取上述试样溶液25.00 mL,放入300 mL烧杯中,加入2 mL氟化钾溶液(20 g/L)(加入氟化钾溶液的量视试样中二氧化硅的含量而定),搅匀并放置2 min以上。然后用水稀释至约200 mL。加5 mL三乙醇胺(1+2)及适量的CMP混合指示剂,在搅拌下滴加KOH溶液(200 g/L)至出现绿色荧光后,再过量5～8 mL(此时溶液pH值大于13)。用EDTA(0.015 mol/L)标准滴定溶液滴定至溶液绿色荧光完全消失并呈现红色即可,记录消耗的EDTA的体积($V_{EDTA,1}$)。

(3) MgO的含量测定

准确吸取25.00 mL试样溶液放入300 mL烧杯中,然后用水稀释至约200 mL。加入1 mL酒石酸钾钠溶液(100 g/L),搅拌,然后加入5 mL三乙醇胺(1+2),搅拌。加入25 mL NH₃-NH₄Cl缓冲溶液(pH=10)及适量的K-B混合指示剂,用EDTA标准滴定溶液(0.015 mol/L)滴定,接近终点时应缓慢滴定至呈纯蓝色,记录消耗的EDTA的体积($V_{EDTA,2}$)。

3. 数据记录与结果计算

(1) 数据记录

EDTA标准溶液制备	基准物质CaCO₃称量质量:＿＿＿＿＿				溶液定容体积:＿＿＿＿＿		
	标定次数	1	2	3	4	5	6
	EDTA体积(mL)						
	平均体积(mL)						
	EDTA浓度(mol/L)						
	滴定度(mg/mL)	Fe₂O₃		Al₂O₃		CaO	MgO
试样分解	称样质量:＿＿＿＿				定容体积:＿＿＿＿＿		
CaO含量测定	测定次数	1	2	3	4	5	6
	消耗EDTA体积(mL)						
	平均体积(mL)						
	CaO含量						
MgO含量测定	测定次数	1	2	3	4	5	6
	消耗EDTA体积(mL)						
	平均体积(mL)						
	MgO含量						

(2) 结果计算

氧化钙(CaO)的质量百分数按式(1-1-11)或式(1-1-12)计算:

$$w_{CaO} = \frac{c_{EDTA} \times V_{EDTA,1} \times 10}{m_s \times 1000} \times 100\% \qquad (1\text{-}1\text{-}11)$$

$$w_{CaO} = \frac{T_{CaO} \times V_{EDTA,1} \times 10}{m_s \times 1000} \times 100\% \qquad (1-1-12)$$

式中　　w_{CaO}——石灰石中 CaO 的质量百分数,%;

　　　　T_{CaO}——EDTA 标准滴定溶液对氧化钙(CaO)的滴定度,mg/mL;

　　　　c_{EDTA}——EDTA 标准滴定溶液的浓度,mol/L;

　　　　$V_{EDTA,1}$——滴定 Ca^{2+} 时所消耗的 EDTA 标准滴定溶液的体积,mL;

　　　　m_s——试样的质量,g;

　　　　56.08——氧化钙(CaO)的摩尔质量,g/mol;

　　　　10——试样溶液的总体积与所分取试样溶液的体积之比。

　　氧化镁(MgO)的质量百分数按式(1-1-13)或式(1-1-14)计算:

$$w_{MgO} = \frac{c_{EDTA} \times (V_{EDTA,2} - V_{EDTA,1}) \times 40.31 \times 10}{m_s \times 1000} \times 100\% \qquad (1-1-13)$$

$$w_{MgO} = \frac{T_{MgO} \times (V_{EDTA,2} - V_{EDTA,1}) \times 10}{m_s \times 1000} \times 100\% \qquad (1-1-14)$$

式中　　w_{MgO}——石灰石中 MgO 的质量百分数,%;

　　　　T_{CaO}——EDTA 标准滴定溶液对氧化钙(CaO)的滴定度,mg/mL;

　　　　T_{MgO}——EDTA 标准滴定溶液对氧化镁(MgO)的滴定度,mg/mL;

　　　　c_{EDTA}——EDTA 标准滴定溶液的浓度,mol/L;

　　　　$V_{EDTA,1}$——滴定 Ca^{2+} 时所消耗的 EDTA 标准滴定溶液的体积,mL;

　　　　$V_{EDTA,2}$——滴定钙、镁总含量时所消耗的 EDTA 标准滴定溶液的体积,mL;

　　　　m_s——试样的质量,g;

　　　　40.31——氧化镁(MgO)的摩尔质量,g/mol;

　　　　10——试样溶液的总体积与所分取试样溶液的体积之比。

【任务小结】

　　(1) 滴定钙镁总量时,用酒石酸钾钠(TART)与三乙醇胺(TEA)联合掩蔽 Fe^{3+}、Al^{3+}、TiO^{2+} 的干扰比单独用 TEA 的掩蔽效果好。尤其是在测高铁类样品时,须在酸性溶液中加入 TART 溶液(100 g/L)2~3 mL、TEA 溶液(1+2)10 mL,充分搅拌后滴加氨水(1+1)至黄色变浅,再用水稀释至 200 mL,加入 pH=10 的缓冲溶液滴定,这样掩蔽的效果较好。

　　(2) 滴定钙、镁总含量或钙含量时,由于终点时滴定剂与指示剂要进行置换,因此接近终点时标准溶液应缓慢滴加,并不断摇动,避免终点滞后。如果滴加速度加快,则容易过量,造成测定结果偏高。

　　(3) 加入三乙醇胺的量一般为 5 mL。但当测定高铁或高锰类样品时,应增加三乙醇胺加入量至 10 mL,并经过充分搅拌后溶液应呈酸性。如变浑浊,应立即以盐酸调至呈酸性并放置几分钟。在加入三乙醇胺后经过充分搅拌,先加入 KOH 溶液(200 g/L)至溶液黄色变浅,再加入少许 CMP 作指示剂,在搅拌下继续加入过量 KOH 溶液 5~8 mL。

　　(4) CMP 指示剂的加入量要适宜。若加入过多,则底色加深,影响终点观察;若加入过少,则终点时颜色变化不明显。在测高锰类试样时,CMP 可适当多加;在测定高镁类样品中低含量钙时,用 CMP 作指示剂,KOH 溶液应过量至 15 mL,使 Mg^{2+} 能充分沉淀为 $Mg(OH)_2$。K-B 指示剂的配比要合适,若萘酚绿 B 的比例过大则滴定终点提前;反之则延后且变色不明显。

　　(5) 滴定 Ca^{2+} 时,控制滴定时溶液的体积以 250 mL 左右为宜。这样可以减小 $Mg(OH)_2$ 对 Ca^{2+} 的吸附以及其他干扰离子的浓度。

（6）氟化钾（KF）的加入量，应根据不同试样中 SiO_2 的大致含量确定。KF 需在酸性溶液中加入，搅拌，并放置 2 min 以上，这时方可生成氟硅酸。在用 KOH 将溶液调至呈碱性后，应立即滴定，只要在沉淀生成前将 Ca^{2+} 滴定结束，就可避免硅酸的干扰。KF 的加入量要适宜，量过少则不能完全消除硅酸的干扰；量过多则会生成 CaF_2 沉淀，同样影响 CaO 的测定。

（7）滴定钙镁总量时，应严格控制溶液的 pH 值。当 pH＞11 时，Mg^{2+} 转化为 $Mg(OH)_2$ 沉淀；当 pH＜9.5 时，则 Mg^{2+} 与 EDTA 的配合反应不易进行完全。若试液中有大量铵盐存在，将使溶液 pH 值有所下降，所以应先以氨水（1＋1）调整溶液 pH≈10，再加入缓冲溶液。

（8）用含硅的试验溶液滴定钙、镁总含量时，还应注意在加入缓冲溶液后要立即滴定。若放置的时间过长，硅酸也会影响滴定。也可在酸性溶液中先加入一定量的 KF 来防止硅酸的析出，使终点易于观察。若不加 KF，滴定过程中或滴定后的溶液中会出现硅酸凝胶，对结果正确性的影响不大。

【任务思考】

（1）在测定石灰石中 CaO 的含量时，从试样溶液中吸取_____ mL 放入 300 mL 烧杯中，加水稀释至约_____ mL，加_____ mL 三乙醇胺（1＋2）及少许的 CMP 混合指示剂，在搅拌下加入_____溶液至出现绿色荧光后再过量_____ mL，用 EDTA 标准滴定溶液（0.015 mol/L）滴定至绿色荧光消失并呈红色。

问题 1：为什么加入三乙醇胺溶液？

问题 2：为什么加入氢氧化钾溶液（200 g/L）？

问题 3：如何正确调绿色荧光？

（2）在测定石灰石中 MgO 的含量时，从试样溶液中吸取_____ mL 放入 300 mL 烧杯中，加水约_____ mL，加 1 mL _____溶液（100 g/L）和 5 mL _____溶液（1＋2），搅拌，然后加入 pH＝10 的氨性缓冲溶液及少许_____混合指示剂，用 EDTA 标准滴定溶液（0.015 mol/L）滴定，接近终点时应缓慢滴定至呈纯蓝色。

问题 1：为什么加入三乙醇胺和酒石酸钾钠溶液？

问题 2：使用 K-B 混合指示剂，滴定终点不正确时应如何处理？

（3）在配位滴定时，为什么需要控制溶液的酸度？

任务2　黏土中 Fe₂O₃、Al₂O₃ 含量的测定
（EDTA 配位滴定法）

【任务描述】

根据国家标准《黏土化学分析方法》(GB/T 16399—1996)中规定的 Fe_2O_3、Al_2O_3 含量测定方法，利用 EDTA 配位滴定法完成石灰石中 Fe_2O_3、Al_2O_3 含量的测定。通过本任务的训练，使学生理解配位滴定法测定铁、铝含量的基本原理，能够根据溶液条件选择连续滴定的条件，独立完成黏土中 Fe_2O_3、Al_2O_3 含量的测定。

【任务解析】

1. 测定意义

黏土质原料种类很多，天然黏土质原料主要有黏土、黄土、页岩、粉砂岩和河泥等，同时煤矸石、粉煤灰、赤泥、高炉矿渣等工业渣也可作为替代原料，其中黏土与黄土应用最为广泛。黏土质原料主要提供水泥熟料所需的 SiO_2、Al_2O_3 和 Fe_2O_3。衡量黏土的质量主要依据黏土的化学成分(硅酸率、铝氧率)、含砂量、含碱量以及可塑性、需水性等工艺性能，生产工艺不同，对黏土的质量要求也不尽相同。通常对水泥生产黏土质原料的质量要求见表 1-2-1。

表 1-2-1　水泥生产用黏土质原料质量指标

品位	硅酸率	铝氧率	MgO	R₂O	SO₃
一级品	2.7～3.5	1.5～3.5	<3.0%	<4.0%	<2.0%
二级品	2.0～2.7 或 3.5～4.0	不限	<3.0%	<4.0%	<2.0%

由于黏土中 Fe_2O_3、Al_2O_3 的含量直接关系到其硅酸率和铝氧率的高低，会影响水泥生料的配料及熟料煅烧过程，因此，黏土中 Fe_2O_3、Al_2O_3 含量的测定是黏土质量控制中重要的检测项目。

2. 方法提要

黏土试样分解后，试样中的铁、铝、钙、镁等组分分别以 Fe^{3+}、Al^{3+}、Ca^{2+}、Mg^{2+} 的形式存在，它们都能与 EDTA 形成稳定的螯合物，但稳定性有较显著的区别，$K_{AlY}=10^{16.3}$，$K_{Fe(III)Y}=10^{25.1}$，$K_{CaY}=10^{10.69}$，$K_{MgY}=10^{8.7}$。因此，只要通过控制适当的酸度，就可以分别进行测定。

(1) Fe_2O_3 含量的测定：在 pH＝1.5～1.7 的酸性溶液中，以磺基水杨酸钠为指示剂，用 EDTA 标准滴定溶液滴定 Fe^{3+}，根据 EDTA 标准滴定溶液的消耗量计算试样中 Fe_2O_3 的含量。滴定终点通常为亮黄色(Fe^{3+} 与 EDTA 形成配合物的颜色)，且终点颜色随溶液中 Fe^{3+} 含量的增大而加深；当 Fe^{3+} 含量很小时终点颜色为无色。

(2) Al_2O_3 含量的测定：在滴定完 Fe^{3+} 以后的溶液中加入对 Al^{3+} 过量的 EDTA 标准滴定溶液，在 pH＝4.0 的酸度条件下，加热至 70～80 ℃，以 PAN 为指示剂，Al^{3+} 充分配合。用 $CuSO_4$ 标准滴定溶液回滴剩余的 EDTA，当溶液由黄色变为绿色，再变为亮紫色时即为滴定终点。在此滴定条件下，其他成分不干扰测定。溶液中有三种有色物质存在：黄色的 PAN、蓝色的 CuY^{2-}、紫红色的 Cu-PAN，且三者的浓度又在变化中，因此颜色变化较复杂。其主要化学反应有：

$$H_2Y^{2-} + Al^{3+} = AlY^- + 2H^+$$
（过量）　　　　（无色）
$$H_2Y^{2-} + Cu^{2+} = CuY^{2-} + 2H^+$$
（剩余）　　　　（蓝色）
$$Cu^{2+} + PAN = Cu\text{-}PAN$$
（黄色）　　（紫红色）

【相关知识】

当溶液中只存在单一离子时，只要根据其表观稳定常数，计算出合适的 pH 值，在此 pH 值条件下选择合适的指示剂，就可以进行滴定。然而在实际分析工作中，测定对象很少只存在一种金属离子，常常是含有两种或两种以上的混合离子体系，由于 EDTA 能和许多金属离子生成配合物，在用 EDTA 进行滴定时，混合离子之间会相互干扰，给测定带来困难。

如果金属离子 M 和 N 均可与 EDTA 形成配合物，即 MY 和 NY，当用 EDTA 滴定 M 和 N 的混合液时，由于它们的配位能力不同，会优先与其中一种金属离子配位，而后再与另一种配位。这样从化学计量关系上讲，可以获得两个化学计量点，但首先要解决谁优先被配位的问题。这可从 $\lg K_{MY}$ 和 $\lg K_{NY}$ 的相对大小来判断。

对于分析工作者来说，更为关注的是对 M 和 N 能否实施选择滴定，即只滴定 M 而不滴定 N；或能否分别滴定 M 和 N，即滴定完 M 后再接着滴定 N；或能否对 M 和 N 实施合量滴定。这就是配位滴定的选择性问题，也是配位滴定需要解决的重要问题。

1. 混合离子选择性滴定的条件

当滴定单一金属离子 M 时，只要满足 $\lg(c_M^{sp} K'_{MY}) \geq 6$ 的条件，就可以进行准确滴定。然而，在实际工作中，经常遇到的情况是多种金属离子共存于同一溶液中，当溶液中有两种或两种以上的金属离子共存时，情况就比较复杂。因此，在配位滴定中，判断能否进行分别滴定是极其重要的。

若溶液中含有金属离子 M 和 N，它们均可与 EDTA 形成配合物，在一定条件下，拟以 EDTA 标准滴定溶液测定 M 的含量，那么 N 离子是否会对 M 离子的测定产生干扰呢？

设金属离子 M、N 在化学计量点的浓度分别为 c_M、c_N，且 $\lg K_{MY} > \lg K_{NY}$，对于有干扰离子存在时的配位滴定，一般允许有不超过 $\pm 0.5\%$ 的相对误差，当 $c_M = c_N$ 时，则：

$$\Delta \lg K = \lg K_{MY} - \lg K_{NY} \geq 5 \tag{1-2-1}$$

式(1-2-1)是配位滴定的分别滴定判断式，它表示滴定体系满足此条件时，只要有合适的指示 M 终点的方法，则在 M 的适宜酸度范围内，都可以准确滴定 M，而 N 不会产生干扰。

在实现直接准确滴定 M 之后，是否可实现继续滴定金属离子 N，可再按滴定单一金属离子的一般方法进行判断。

2. 实现选择性滴定的措施

在配位滴定中提高配位滴定选择性的途径，主要是设法降低干扰离子(N)与 EDTA 形成配合物的稳定性，或者降低干扰离子的浓度，通常可采用以下几种方法来实现选择性滴定。

(1) 控制 pH 条件

当溶液中有两种金属离子共存，若它们与 EDTA 所形成的配合物的稳定性有明显差异时，即满足 $\Delta \lg K = \lg K_{MY} - \lg K_{NY} \geq 5$ 时，就可通过控制 pH 值的方法在较大酸度条件下先滴定 MY 稳定性大的 M 离子，再在较小的酸度条件下滴定 N 离子。

【例 1-2-1】　某硅酸盐试样中含有 Fe^{3+}、Al^{3+}、Ca^{2+} 和 Mg^{2+} 四种金属离子，假定它们的浓度皆为 1×10^{-2} mol/L，能否用控制酸度的方法分别滴定 Fe^{3+} 和 Al^{3+}？

已知：$\lg K_{FeY} = 25.1$；$\lg K_{AlY} = 16.3$；$\lg K_{CaY} = 10.69$；$\lg K_{MgY} = 8.70$。

【解】　(1) 选择滴定 Fe^{3+} 的可能性

$$\Delta\lg K = \lg K_{FeY} - \lg K_{CaY} = 25.1 - 10.69 = 14.41 > 5$$

$$\Delta\lg K = \lg K_{FeY} - \lg K_{MgY} = 25.1 - 8.70 = 16.4 > 5$$

可见，Ca^{2+}、Mg^{2+} 不干扰 Fe^{3+} 的测定。又

$$\Delta\lg K = \lg K_{FeY} - \lg K_{AlY} = 25.1 - 16.3 = 8.8 > 5$$

因此，在 Al^{3+} 存在的条件下，可以利用控制酸度的方法选择滴定 Fe^{3+}。

【讨论】　从酸效应曲线可查得测定 Fe^{3+} 的 $pH_{min} \approx 1$，考虑到 Fe^{3+} 的水解效应，需 $pH < 2.2$，因此测定 Fe^{3+} 的 pH 值范围应在 $1 \sim 2.2$。据此可选择磺基水杨酸钠作指示剂，用 EDTA 标准滴定溶液准确滴定 Fe^{3+}。用滴定 Fe^{3+} 后的溶液继续滴定 Al^{3+}。

(2) 选择滴定 Al^{3+} 的可能性

因为 Fe^{3+}、Al^{3+} 连续滴定，即在滴定完 Fe^{3+} 后再滴定 Al^{3+}，所以不考虑 Fe^{3+} 的干扰。那么，Ca^{2+}、Mg^{2+} 是否会对 Al^{3+} 产生干扰呢？由于

$$\Delta\lg K = \lg K_{AlY} - \lg K_{CaY} = 16.3 - 10.69 = 5.61 > 5$$

$$\Delta\lg K = \lg K_{AlY} - \lg K_{MgY} = 16.3 - 8.70 = 7.6 > 5$$

可见 Ca^{2+}、Mg^{2+} 不会造成干扰。故在 Ca^{2+}、Mg^{2+} 存在的条件下，可以选择性滴定 Al^{3+}。

【讨论】　滴定 Al^{3+} 的 $pH_{min} \approx 4.2$，考虑到 Al^{3+} 与 EDTA 的配位速度较慢，故采用返滴定法。即在滴定完 Fe^{3+} 后的溶液中，加入过量的 EDTA，调整溶液的 $pH = 3.8 \sim 4.0$，煮沸使 Al^{3+} 与 EDTA 配位完全，以 PAN 作指示剂，用 $CuSO_4$ 标准滴定溶液滴定过量的 EDTA，即可测得 Al^{3+} 的含量。

控制溶液的 pH 值范围是在混合离子溶液中进行选择性滴定的途径之一。滴定的 pH 值是综合了滴定适宜的 pH 值、指示剂的变色，同时考虑了共存离子的存在等情况后确定的，实际滴定时确定的 pH 值范围通常要比上述求得的 pH 值范围更窄一些。

(2) 利用掩蔽效应

如果被测金属离子 M 和共存离子 N 与滴定剂 EDTA 所形成的配合物的稳定性相差不大，甚至共存离子 N 与 EDTA 所形成的配合物 NY 反而更加稳定，即 M、N 之间不能满足 $\Delta\lg K = \lg K_{MY} - \lg K_{NY} \geqslant 5$ 的条件，这就意味着利用控制酸度的方法不可能消除干扰。在这种情况下，采用掩蔽剂，利用掩蔽效应是提高配位滴定选择性的又一个重要途径。这种方法的好处在于它既可以消除干扰离子对测定的影响，又可以有效防止干扰离子对指示剂的封闭作用。

掩蔽效应是加入某种试剂使之与干扰离子 N 作用，降低 N 与 EDTA 的反应能力，致使其不与 EDTA 或指示剂配位，以消除 N 干扰被测离子 M 滴定的过程。其中起掩蔽作用的试剂称为"掩蔽剂"。

有时，也可加入某种试剂，破坏掩蔽，使已被 EDTA 配位或与掩蔽剂配位的金属离子释放出来，这一过程称为"解蔽"。起解蔽作用的试剂称为"解蔽剂"。

根据掩蔽剂与共存离子所发生反应类型的不同，掩蔽方法可分为配位掩蔽法、氧化还原掩蔽法和沉淀掩蔽法。其中最常用的是配位掩蔽法。

① 配位掩蔽法

此法是一种基于掩蔽剂与干扰离子发生反应形成稳定配合物，从而降低干扰离子浓度以消除干扰的方法。

使用配位掩蔽剂时应注意以下几点：

● $\lg K_{NL} > \lg K_{NY}$。即：干扰离子与掩蔽剂形成的配合物应远比它与 EDTA 形成的配合物稳定，且该配合物应为无色或浅色，不影响滴定终点的判断。

● 掩蔽剂 L 不与待测离子 M 配位，或 $\lg K_{ML} < \lg K_{MY}$。

● 掩蔽剂的应用有一定的 pH 值范围,并且在滴定所要求的 pH 值范围内有很强的掩蔽能力。

例如,用 EDTA 测定水泥中的 Ca^{2+}、Mg^{2+} 时,Fe^{3+}、Al^{3+} 等离子的存在对测定有干扰。因此,可采用三乙醇胺作掩蔽剂。三乙醇胺能与 Fe^{3+}、Al^{3+} 等离子形成稳定的配合物,而且不与 Ca^{2+}、Mg^{2+} 作用,这样就可以消除 Fe^{3+}、Al^{3+} 等离子对滴定 Ca^{2+}、Mg^{2+} 的干扰。

② 氧化还原掩蔽法

此法系利用氧化还原反应,变更干扰离子的价态,以消除其干扰。

例如,在 pH=1.0 时,用 EDTA 滴定 Bi^{3+}、ZrO^{2+} 等离子时,如有 Fe^{3+} 存在会干扰测定,可加入抗坏血酸或盐酸羟胺等,将 Fe^{3+} 还原为 Fe^{2+},即可消除干扰。因为 FeY^{2-} 的稳定性比 FeY^- 的稳定性要低得多($\lg K_{FeY^{2-}}=14.32$,$\lg K_{FeY^-}=25.1$)。

有时某些干扰离子的高价态形式在溶液中以酸根形式存在,它与 EDTA 形成的配合物的稳定常数要比其低价态形式与 EDTA 形成的配合物小,这样就可预先将低价干扰离子氧化为其高价酸根形式以消除干扰。如 $Cr^{3+} \longrightarrow Cr_2O_7^{2-}$,$Mo^{3+} \longrightarrow MoO_4^{2-}$ 等。

氧化还原掩蔽法的应用范围比较窄,只限于那些易发生氧化还原反应的金属离子,并且其氧化型物质或还原型物质均不干扰测定的情况。因此,目前只有少数几种离子可用这种方法来消除干扰。

③ 沉淀掩蔽法

此法是一种基于沉淀反应使干扰离子与加入的掩蔽剂生成沉淀,不需分离,在沉淀存在的条件下直接滴定被测金属离子的掩蔽方法。

采用沉淀掩蔽法的沉淀反应,应具备以下条件:

● 生成的沉淀的溶解度要小,且沉淀反应要完全。

● 生成的沉淀应是无色或浅色的,并且结构应是致密的,最好是形成晶形沉淀,其吸附能力应很小。

例如,水泥化学分析中 Ca^{2+} 含量的测定,通常 Ca^{2+}、Mg^{2+} 两种离子共存,单独测 Ca^{2+},则 Mg^{2+} 有干扰,当用 KOH 调整 pH>12 时,Mg^{2+} 生成 $Mg(OH)_2$ 沉淀,从而消除了 Mg^{2+} 对 Ca^{2+} 测定的影响。

沉淀掩蔽法有一定的局限性,沉淀反应不完全,掩蔽效率不高,常常伴有共沉淀现象,影响滴定的准确度。此外,沉淀对指示剂有吸附作用,也影响滴定终点的观察。所以,沉淀掩蔽法不是理想方法。

(3) 利用其他配位剂

EDTA 等氨羧配位剂虽然有与各种金属离子形成配合物的性质,但它们与各种金属离子形成配合物的稳定性是有差异的。因此,通过选用不同的氨羧配位剂作为滴定剂,可以实现对某种金属离子的选择性滴定。

此外,还可采用同时应用两种滴定剂分别对同一种混合金属离子溶液进行滴定,以达到分别测定两种金属离子的目的。

(4) 预先分离

在实际工作中,如果单独应用以上三种方法均无法实现选择性滴定,也可相互联合使用以达到选择性滴定的目的。倘若仍难以实现选择性滴定,可考虑将干扰离子预先分离从而消除干扰,然后以滴定单一离子的方式进行测定。

3. 配位滴定曲线

在配位滴定中,随着 EDTA 标准滴定溶液的加入,溶液中金属离子 M 的浓度会相应地逐渐减小,其变化与酸碱滴定类似,在化学计量点 pM 附近发生突跃。以 pM 值对 EDTA 的加入量作图,即可得到相应的配位滴定曲线,以此来表示一定条件下,在配位滴定过程中 pM 的变化规律,如图 1-2-1 所示。

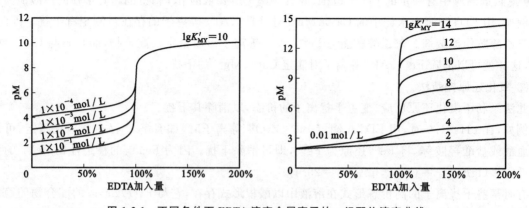

图 1-2-1　不同条件下 EDTA 滴定金属离子的一组配位滴定曲线

(a) K'_{MY} 相同，c_M 不同；(b) K'_{MY} 不同，c_M 相同

影响滴定突跃大小的主要因素如下：

(1) 金属离子 M 的浓度(c_M)：由图 1-2-1(a)可见，K'_{MY} 一定时，c_M 越大，滴定曲线的起始点的 pM 越小，滴定的突跃范围就越大。

(2) 配合物的条件稳定常数($\lg K'_{MY}$)：图 1-2-1(b)表明，在 M 和 Y 浓度一定的条件下，K'_{MY} 越大，则滴定的突跃范围越大。

- K_{MY} 值越大，K'_{MY} 值相应的就越大，pM 突跃也就越大；反之就越小。
- 滴定体系的酸度越大(pH 值越小)，$\alpha_{Y(H)}$ 越大，则 K'_{MY} 相应的就越小，pM 突跃也就越小。

(3) 缓冲溶液及其他辅助配位剂的配位作用：当缓冲溶液对 M 有配位效应或为了防止 M 的水解，加入辅助配位剂以阻止 M 水解沉淀的析出时，OH^- 和所加入的辅助配位剂就会对 M 有配位效应。缓冲剂或辅助配位剂的浓度越大，α_M 越大，同样 K'_{MY} 相应的就越小，pM 突跃也就越小。

【任务实施】

1. 任务准备

(1) 试剂

试剂名称	规格	试剂名称	规格	试剂名称	规格
EDTA 二钠盐 ($Na_2H_2Y \cdot 2H_2O$)	分析纯(A.R)	盐酸(HCl)	分析纯(A.R)	无水碳酸钠 (Na_2CO_3)	分析纯(A.R)
硝酸(HNO_3)	分析纯(A.R)	氨水 ($NH_3 \cdot H_2O$)	分析纯(A.R)	硫酸铜 ($CuSO_4 \cdot 5H_2O$)	分析纯(A.R)
碳酸钙($CaCO_3$)	基准试剂	磺基水杨酸钠	分析纯(A.R)	冰乙酸 (CH_3COOH)	分析纯(A.R)
无水乙酸钠 (CH_3COONa)	分析纯(A.R)	PAN①	分析纯(A.R)	乙醇 (CH_3CH_2OH)	分析纯(A.R)
硼砂($Na_2B_4O_7$)	分析纯(A.R)	硫酸(H_2SO_4)	分析纯(A.R)		

---

① PAN：1-(2-吡啶偶氮)-2-萘酚，是一种金属指示剂。

（2）仪器

名称	规格	名称	规格	名称	规格
酸式滴定管	50 mL	移液管	25 mL、50 mL	容量瓶	250 mL
酸式滴定管	25 mL	分析天平	0.0001 g	托盘天平	0.1 g
烧杯	300 mL	精密 pH 试纸	0.5～5.0	温度计	0～100 ℃
试剂瓶		洗耳球		玻璃棒	
高温炉		称量瓶			
铂坩埚		电炉			

（3）试剂与溶液的制备

碳酸钠-硼砂混合熔剂（2+1）：将 2 份质量的无水碳酸钠（Na_2CO_3）与 1 份质量的无水硼砂（$Na_2B_4O_7$）混匀研细，贮存于磨口瓶中。

HCl(1+1)：将 1 份体积浓盐酸与 1 份体积水混合。

$NH_3 \cdot H_2O$(1+1)：将 1 份体积浓氨水与 1 份体积水混合。

H_2SO_4(1+1)：将 1 份体积浓硫酸与 1 份体积水混合。

乙酸-乙酸钠（HAc-NaAc）缓冲溶液（pH=4.3）：将 42.3 g 无水乙酸钠（CH_3COONa）溶于水中，加入 80 mL 冰乙酸（CH_3COOH），加水稀释至 1 L。

磺基水杨酸钠指示剂溶液（100 g/L）：将 10 g 磺基水杨酸钠（$C_7H_5O_6SNa \cdot 2H_2O$）溶于水中，加水稀释至 100 mL。

PAN 指示剂溶液（20 g/L）：将 2 g PAN 溶于 100 mL 无水乙醇中。

（4）标准滴定溶液的制备

① EDTA 标准滴定溶液（0.015 mol/L）的配制与标定

EDTA 标准滴定溶液（0.015 mol/L）的配制与标定方法见任务 1。

② $CuSO_4$ 标准滴定溶液（0.015 mol/L）的配制与标定

$CuSO_4$ 标准滴定溶液的配制：称取 3.7 g 硫酸铜（$CuSO_4 \cdot 5H_2O$）溶于水中，加入 4～5 滴 H_2SO_4(1+1)，加水稀释至 1 L，摇匀。

$CuSO_4$ 标准滴定溶液的标定：从滴定管中缓慢放出 10～15 mL EDTA 标准滴定溶液于 300 mL 烧杯中，加水稀释至约 150 mL，再加入 15 mL HAc-NaAc 缓冲溶液（pH=4.3），加热至沸腾，取下稍冷，加入 4～5 滴 PAN 指示剂溶液，用 $CuSO_4$ 标准滴定溶液滴定至呈亮紫色。

$CuSO_4$ 标准滴定溶液的浓度按式(1-2-2)计算：

$$c_{CuSO_4} = \frac{c_{EDTA}V_{EDTA}}{V_{CuSO_4}} \tag{1-2-2}$$

式中　c_{EDTA}——EDTA 标准滴定溶液的浓度，mol/L；

　　　c_{CuSO_4}——$CuSO_4$ 标准滴定溶液的浓度，mol/L；

　　　V_{EDTA}——标定时加入 EDTA 标准滴定溶液的体积，mL；

　　　V_{CuSO_4}——标定时消耗 $CuSO_4$ 标准滴定溶液的体积，mL。

EDTA 标准滴定溶液与 $CuSO_4$ 标准滴定溶液的体积比按式(1-2-3)计算：

$$K = \frac{V_{EDTA}}{V_{CuSO_4}} \tag{1-2-3}$$

式中　K——EDTA 标准滴定溶液与 $CuSO_4$ 标准滴定溶液的体积比，即 1 mL $CuSO_4$ 标准滴定溶液相当于 EDTA 标准滴定溶液的体积，mL；

V_{EDTA}——标定时加入 EDTA 标准滴定溶液的体积,mL;

V_{CuSO_4}——标定时消耗 $CuSO_4$ 标准滴定溶液的体积,mL。

（5）分析试样的准备

分析试样要充分混匀,能代表试样的平均组成。试样要全部通过孔径为 80 μm 的方孔筛,分析前称取约 5 g 试样平摊在称量瓶(直径为 50 mm)中,在 105～110 ℃ 干燥箱中干燥 2 h 以上,盖好称量瓶盖子,放入干燥器中冷却至室温,供测定用。分析时,从干燥器中取出,尽快称取。

2. 实施步骤

（1）试样的分解

利用差减称量法称取约 0.5 g 试样(m_s),精确至 0.0001 g,置于盛有 2 g 碳酸钠-硼砂(2+1)混合熔剂的铂坩埚中,混匀,再用 1 g 碳酸钠-硼砂(2+1)混合熔剂覆盖其上。加盖并留有缝隙,从室温开始升至 960 ℃ 熔融至无二氧化碳产生,继续熔融 7～10 min。取下,旋转坩埚使熔体均匀地附于坩埚内壁,冷却。将坩埚及盖放入盛有约 100 mL 热水的烧杯中浸取熔块至松软状,并用玻璃棒将大块压碎。一次加入 10 mL 浓盐酸,搅拌使之溶解,移至电炉上加热微沸至二氧化碳气泡逸尽为止。用水洗坩埚及盖,冷却。将上述溶液转移至 250 mL 容量瓶中,用水稀释至 250 mL 刻度,摇匀。

（2）Fe_2O_3 含量的测定

移取 25 mL(视试样中 Fe_2O_3 的含量而定,试样中 Fe_2O_3 含量较低时,可移取 50 mL)已制备好的试样溶液于 300 mL 的烧杯中,用水稀释至 100 mL,以氨水(1+1)调节 pH 值至 1.5～1.7 之间(用精密 pH 试纸或 pH 计检验),将溶液加热至 70～80 ℃(但不能煮沸),加入 15 滴磺基水杨酸钠溶液(100 g/L),在不断搅拌的同时,用 0.015 mol/L 的 EDTA 标准滴定溶液缓慢滴定至溶液呈亮黄色(当试样中 Fe_2O_3 含量较低时,终点为无色),即为终点(终点时温度应不低于 65 ℃),记录所消耗的 EDTA 的体积($V_{EDTA,1}$)。

（3）Al_2O_3 含量的测定

在滴定 Fe^{3+} 后的溶液中,准确加入过量的 EDTA 标准滴定溶液 10～15 mL(加入的体积记为 $V_{EDTA,2}$),用水稀释至 150～200 mL,加热至 70～80 ℃,加入 15 mL 乙酸-乙酸钠缓冲溶液(pH= 4.3),煮沸 3～5 min,取下稍冷却,加 4～5 滴 PAN 指示剂,以 $CuSO_4$ 标准滴定溶液滴定至呈亮紫色,记录所消耗的 $CuSO_4$ 标准滴定溶液的体积(V_{CuSO_4})。

3. 数据记录与结果计算

（1）数据记录

	EDTA 标准滴定溶液浓度:＿＿＿＿＿＿ mol/L						
	标定次数	1	2	3	4	5	6
CuSO₄ 标准滴定溶液标定	EDTA 溶液体积(mL)						
	CuSO₄ 溶液体积(mL)						
	体积比 K						
	CuSO₄ 溶液浓度(mol/L)						
	K 平均值						
	CuSO₄ 溶液浓度平均值						
试样分解	称样质量:＿＿＿＿＿		定容体积:＿＿＿＿＿				

续表

Fe₂O₃ 含量测定	测定次数	1	2	3	4	5	6
	消耗 EDTA 体积(mL)						
	平均体积(mL)						
	Fe₂O₃ 含量(%)						
Al₂O₃ 含量测定	测定次数	1	2	3	4	5	6
	过量 EDTA 体积(mL)						
	消耗 CuSO₄ 溶液体积(mL)						
	Al₂O₃ 含量(%)						
	平均值(%)						

（2）结果计算

三氧化二铁（Fe_2O_3）的质量百分数按式(1-2-4)或式(1-2-5)计算：

$$w_{Fe_2O_3} = \frac{c_{EDTA} \times V_{EDTA,1} \times 159.69 \times \frac{1}{2} \times 10}{m_s \times 1000} \times 100\% \qquad (1\text{-}2\text{-}4)$$

$$w_{Fe_2O_3} = \frac{T_{Fe_2O_3} \times V_{EDTA,1} \times 10}{m_s \times 1000} \times 100\% \qquad (1\text{-}2\text{-}5)$$

式中　$w_{Fe_2O_3}$——黏土中 Fe_2O_3 的质量百分数，%；

　　　$T_{Fe_2O_3}$——EDTA 标准滴定溶液对三氧化二铁（Fe_2O_3）的滴定度，mg/mL；

　　　c_{EDTA}——EDTA 标准滴定溶液的浓度，mol/L；

　　　$V_{EDTA,1}$——滴定 Fe^{3+} 时消耗的 EDTA 标准滴定溶液的体积，mL；

　　　m_s——试样的质量，g；

　　　159.69——三氧化二铁（Fe_2O_3）的摩尔质量，g/mol；

　　　10——试样溶液的总体积与所分取试样溶液的体积之比。

三氧化二铝（Al_2O_3）的质量百分数按式(1-2-6)～式(1-2-8)计算：

$$w_{Al_2O_3} = \frac{\frac{1}{2} \times (c_{EDTA} \times V_{EDTA,2} - c_{CuSO_4} \times V_{CuSO_4}) \times 101.96 \times 10}{m_s \times 1000} \times 100\% \qquad (1\text{-}2\text{-}6)$$

$$w_{Al_2O_3} = \frac{\frac{1}{2} \times c_{EDTA} \times (V_{EDTA,2} - K \times V_{CuSO_4}) \times 101.96 \times 10}{m_s \times 1000} \times 100\% \qquad (1\text{-}2\text{-}7)$$

$$w_{Al_2O_3} = \frac{T_{Al_2O_3} \times (V_{EDTA,2} - K \times V_{CuSO_4}) \times 10}{m_s \times 1000} \times 100\% \qquad (1\text{-}2\text{-}8)$$

式中　$w_{Al_2O_3}$——黏土中 Al_2O_3 的质量百分数，%；

　　　c_{EDTA}——EDTA 标准滴定溶液的浓度，mol/L；

　　　$V_{EDTA,2}$——过量 EDTA 标准滴定溶液的体积，mL；

　　　c_{CuSO_4}——CuSO₄ 标准滴定溶液的浓度，mol/L；

　　　V_{CuSO_4}——滴定时消耗的 CuSO₄ 标准滴定溶液的体积，mL；

　　　101.96——三氧化二铝（Al_2O_3）的摩尔质量，g/mol；

　　　K——EDTA 标准滴定溶液与 CuSO₄ 标准滴定溶液的体积比；

　　　$T_{Al_2O_3}$——EDTA 标准滴定溶液对三氧化二铝（Al_2O_3）的滴定度，mg/mL；

　　　m_s——试样的质量，g；

10——试样溶液的总体积与所分取试样溶液的体积之比。

【任务小结】

（1）滴定 Fe^{3+} 时，要严格控制溶液的 pH 值，若酸度过高，则滴定终点变色缓慢；若酸度过低，则因 Al^{3+} 干扰会使测定结果偏高。溶液 pH 值的控制与试样中的铁铝含量有关，如黏土试样，控制 pH=1.5～1.7；水泥及水泥熟料试样，控制 pH=1.8～2.0。

（2）滴定 Fe^{3+} 时，温度控制与样品有关，如黏土试样，温度控制在 70～80 ℃；水泥及水泥熟料试样，温度控制在 60～70 ℃，滴定终点时应不低于 60 ℃。

（3）滴定前应保证亚铁离子 Fe^{2+} 全部氧化成为铁离子 Fe^{3+}，否则会使结果偏低。通常可在试样分解时，加入适量的浓硝酸，使溶液保持氧化性气氛，保证试样中的铁元素以 Fe^{3+} 形式存在。

（4）滴定 Fe^{3+} 时的体积也以 100 mL 左右为宜。若体积太大，则浓度较稀，滴定终点变色不明显；若体积太小，浓度增大，干扰离子的浓度亦同时增大，溶液温度下降也太快，不利于滴定。

（5）滴定 Al^{3+} 时，EDTA 过量体积应视试样中 Al_2O_3 含量而定，过量 10～15 mL 为宜。EDTA 不易过量太多，否则滴定终点颜色偏蓝；过量太少，滴定终点颜色偏红。

（6）滴定 Al^{3+} 时，加热的目的是使 Al^{3+}、TiO^{2+} 与 EDTA 能够充分配位，并防止 PAN"僵化"。通常在 90 ℃开始滴定，滴定完毕时温度不低于 75 ℃，可在加热煮沸后稍冷，立即进行滴定，或使用温度计控制。

【拓展提高】

1. 锌盐回滴法测定黏土中 Al_2O_3 的含量

该方法适用于 Fe_2O_3 含量不小于 2% 的黏土，测定范围：$w_{Al_2O_3}$＝10%～40%。

方法提要：试样分解后，向试样溶液中加入相对于 Fe^{3+}、Al^{3+} 和 TiO^{2+} 过量的 EDTA 标准滴定溶液，在弱酸性溶液中，加热使铝、铁、钛与 EDTA 完全配位，再加入二甲酚橙指示剂，用乙酸锌标准滴定溶液回滴过量的 EDTA，根据加入的 EDTA 的量与消耗的乙酸锌的量即可计算出铝、铁、钛的总含量，然后通过测得 Fe_2O_3 和 TiO_2 的含量，间接求得 Al_2O_3 的含量。

测定步骤：准确移取 25.00 mL 试样溶液置于 300 mL 烧杯中，利用滴定管准确加入过量的 0.015 mol/L EDTA 标准滴定溶液（视 Al_2O_3 的含量而定，一般 EDTA 过量 10 mL 左右为宜）。加 1～2 滴二甲酚橙指示剂（2 g/L），加热至 40～50 ℃，滴加氨水（1+1）至溶液刚变为紫红色，再用盐酸（1+1）调整为黄色，并过量 1～2 滴，加热微沸 3～5 min。冷却后，用水稀释至 150 mL 左右，加 5 mL 六次甲基四胺溶液（200 g/L）和 3～4 滴二甲酚橙指示剂（2 g/L），用 0.01 mol/L 乙酸锌标准滴定溶液滴定至溶液由黄色变为紫红色。

三氧化二铝（Al_2O_3）的质量百分数按式（1-2-9）或式（1-2-10）计算：

$$w_{Al_2O_3} = \frac{\frac{1}{2} \times c_{EDTA} \times [V_{EDTA} - K \times V_{Zn(Ac)_2}] \times 101.96}{m_s \times \frac{V_1}{V} \times 1000} \times 100\% - 0.6831 \times w_{Fe_2O_3} \quad (1\text{-}2\text{-}9)$$

$$w_{Al_2O_3} = \frac{T_{Al_2O_3} \times [V_{EDTA} - K \times V_{Zn(Ac)_2}]}{m_s \times \frac{V_1}{V} \times 1000} \times 100\% - 0.6831 \times w_{Fe_2O_3} \quad (1\text{-}2\text{-}10)$$

式中　$w_{Al_2O_3}$——黏土中 Al_2O_3 的质量百分数，%；

c_{EDTA}——EDTA 标准滴定溶液的浓度，mol/L；

V_{EDTA}——过量 EDTA 标准滴定溶液的体积,mL;

$V_{Zn(Ac)_2}$——滴定时所消耗的乙酸锌标准滴定溶液的体积,mL。

101.96——三氧化二铝(Al_2O_3)的摩尔质量,g/mol;

K——EDTA 标准滴定溶液与乙酸锌标准滴定溶液的体积比,即 1 mL 乙酸锌标准滴定溶液

　　相当于 EDTA 标准滴定溶液的体积,mL;

$T_{Al_2O_3}$——EDTA 标准滴定溶液对三氧化二铝(Al_2O_3)的滴定度,mg/mL;

m_s——试样的质量,g;

V——试样溶液定容的体积,mL;

V_1——测定时分取试样溶液的体积,mL。

2. 硫氰酸钾比色法测定黏土中 Fe_2O_3 的含量

当试样中 Fe_2O_3 的含量较低时,用 EDTA 配位滴定法很难测得准确的结果,此时可选择硫氰酸钾比色法测定黏土中 Fe_2O_3 的含量。该方法测定范围:$w_{Fe_2O_3} = 0.1\% \sim 2\%$。

方法提要:试样分解后,在硝酸介质中,三价铁离子与硫氰酸根离子生成一种红色配合物,于分光光度计波长 520 nm 处,测其吸光度,通过与标准系列吸光度进行对比,查出试样中 Fe_2O_3 的含量。

测定步骤:分别移取 0 mL、0.50 mL、1.00 mL、1.50 mL、2.00 mL、2.50 mL、3.00 mL、3.50 mL、4.00 mL、4.50 mL、5.00 mL Fe_2O_3 标准储备液(0.1000 mg/mL)和 10～50 mL 试样溶液(视 Fe_2O_3 的含量而定)置于一组 100 mL 的容量瓶中,加水稀释至约 50 mL,再依次加入 2 mL 浓硝酸、1 滴双氧水(30%)、15 mL 硫氰酸钾溶液(200 g/L),每加一种试剂后均摇匀,用水稀释至刻线,摇匀,放置 20 min。用 1 cm 比色皿于分光光度计波长 520 nm 处,以试剂空白为参比,测定标准系列与试样溶液的吸光度,绘制标准曲线,并在标准曲线上查出三氧化二铁(Fe_2O_3)的含量。

二氧化二铁(Fe_2O_3)的质量百分数按式(1 2 11)计算:

$$w_{Fe_2O_3} = \frac{m_{Fe_2O_3} \times 10^{-6}}{m_s \times \dfrac{V_1}{V}} \times 100\% \tag{1-2-11}$$

式中　$w_{Fe_2O_3}$——黏土中 Fe_2O_3 的质量百分数,%;

　　　$m_{Fe_2O_3}$——由标准曲线上查得的 Fe_2O_3 的量,mg/100 mL;

　　　m_s——试样的质量,g;

　　　V——试样溶液定容的体积,mL;

　　　V_1——测定时分取试样溶液的体积,mL。

【任务思考】

(1) 以磺基水杨酸钠为指示剂,用 EDTA 直接配位滴定法测定试样中 Fe_2O_3 的含量时,不同种类样品的滴定终点颜色往往不同,有的黄色深一些,有的浅一些,有的为无色,为什么?

(2) 在用 EDTA 直接配位滴定法测定试样中 Fe_2O_3 的含量时,要严格控制测定时的酸度,但被测样品不同,所控制的酸度也有所不同,如对于水泥试样控制 pH=1.8～2.0,对于黏土试样则控制 pH=1.5～1.7,为什么?

(3) 在使用金属指示剂时,防止指示剂"僵化"的措施主要有哪些? 在用铜盐返滴法测定 Al_2O_3 的含量时,如何防止 PAN 指示剂"僵化"?

任务 3　铁矿石中 Fe_2O_3 含量的测定
（$K_2Cr_2O_7$ 氧化还原滴定法）

【任务描述】

根据建材行业标准《水泥用铁质原料化学分析方法》($JC/T\ 850—2009$)中规定的 Fe_2O_3 含量测定方法,利用 $K_2Cr_2O_7$ 氧化还原滴定法完成铁矿石中 Fe_2O_3 含量的测定。通过本任务的训练,使学生理解氧化还原滴定法测定 Fe_2O_3 含量的基本原理,掌握铁质校正原料中 Fe_2O_3 含量的测定方法,能够根据不同的分析对象选择适当的分析方法,为开展物料化学成分全分析奠定基础。

【任务解析】

当使用石灰石和黏土原料配制水泥生料时,生料中氧化铁的含量往往不足,通常需使用铁质校正原料加以补充。因此,通常要求铁质校正原料中 Fe_2O_3 的含量不低于 40%。水泥生产用铁质校正原料主要有:硫酸渣、铁矿石、铜矿渣及铅矿渣等。目前水泥企业使用较多的是硫酸渣(俗称烧渣),为用硫铁矿制备工业硫酸排出的粉状废渣,Fe_2O_3 的含量较高。铜矿渣和铅矿渣中氧化亚铁(FeO)含量较高,在水泥熟料煅烧时,能加速熟料的形成,起到矿化剂的作用,也是一种很好的铁质校正原料。

对于水泥生产用铁质校正原料中 Fe_2O_3 含量的测定,建材行业标准《水泥用铁质原料化学分析方法》($JC/T\ 850—2009$)提供了两种方法:$K_2Cr_2O_7$ 氧化还原滴定法(基准法)和 EDTA 配位滴定法(代用法)。本任务采用 $K_2Cr_2O_7$ 氧化还原滴定法测定铁矿石中 Fe_2O_3 的含量,该方法的基本原理如下:

试样用 HCl 溶液加热分解后,先用 $SnCl_2$ 溶液将大部分 Fe^{3+} 还原,以钨酸钠(Na_2WO_4)溶液为指示剂,再用 $TiCl_3$ 溶液将剩余的少部分 Fe^{3+} 全部还原成 Fe^{2+}。当 Fe^{3+} 被定量还原成 Fe^{2+} 后,稍微过量的 $TiCl_3$ 溶液将 Na_2WO_4 还原为五价钨的氧化物(蓝色,俗称钨蓝)。反应如下:

$$2Fe^{3+} + SnCl_4^{2-} + 2Cl^- \rightleftharpoons 2Fe^{2+} + SnCl_6^{2-}$$

$$Fe^{3+} + Ti^{3+} + H_2O \rightleftharpoons Fe^{2+} + TiO^{2+} + 2H^+$$
（剩余）

$$2WO_4^{2-} + 2Ti^{3+} + 2H^+ \rightleftharpoons W_2O_5\downarrow + 2TiO^{2+} + H_2O$$
（无色）　　　　　　（蓝色）

用 $SnCl_2$ 溶液还原 Fe^{3+} 时,应在热溶液中进行(在常温下还原反应速率很慢),加入 $SnCl_2$ 溶液的量以使溶液呈浅黄色为宜。

具有还原性的五价钨的氧化物(钨蓝)可通过滴加 $K_2Cr_2O_7$ 溶液氧化除去,除尽的标志是溶液的蓝色刚好褪去,即五价钨恰好被完全氧化为六价钨,反应如下:

$$3W_2O_5 + Cr_2O_7^{2-} + 2H_2O \rightleftharpoons 6WO_4^{2-} + 2Cr^{3+} + 4H^+$$
（蓝色）　　　　　　　　　　　　（无色）

当 Fe^{3+} 被定量还原为 Fe^{2+} 并除去过量的还原剂后,加入 H_2SO_4-H_3PO_4 混合酸,以二苯胺磺酸钠为指示剂,用 $K_2Cr_2O_7$ 标准滴定溶液滴定至溶液由浅绿色(Cr^{3+} 的颜色)变为紫色,即为滴定终点。有关反应如下:

$$6Fe^{2+} + Cr_2O_7^{2-} + 14H^+ \rightleftharpoons 6Fe^{3+} + 2Cr^{3+} + 7H_2O$$

由于滴定过程中生成黄色的 Fe^{3+},会影响滴定终点颜色的正确判断,故加入磷酸,使之与 Fe^{3+} 反应生成无色的 $[Fe(PO_4)_2]^{3-}$ 配离子,这样既消除了 Fe^{3+} 黄色的影响,又降低了 Fe^{3+} 的浓度,从而降低了 Fe^{3+}/Fe^{2+} 电对的电极电位,使滴定终点前后的电位突跃增大,滴定终点判断更加准确。

【相关知识】

氧化还原滴定法是以氧化还原反应为基础的滴定分析法,也是在滴定分析中应用最广泛的方法之一,能直接或间接测定许多无机物和有机物的含量。在氧化还原滴定法中,可以用作滴定剂的氧化剂或还原剂的种类较多,它们的反应条件又各不相同,所以氧化还原滴定法通常按照所采用的氧化剂或还原剂的种类进行分类,常用的氧化还原滴定法主要有:高锰酸钾法、重铬酸钾法、碘量法等。

氧化还原滴定法具有以下特点:

(1)应用广泛:多种氧化剂或还原剂均可以作为标准溶液,所以该方法可直接或间接测定许多物质。

(2)反应速率对测定的影响较大:因氧化还原反应是电子的转移,且常是分步进行的,反应机理复杂,所以不少氧化还原反应虽有可能进行得相当完全,即平衡常数较大,但反应速率慢。

(3)副反应多,受介质的影响大:反应中常伴有配位、沉淀等副反应发生,影响着有关的电极电位,甚至会改变反应的方向或生成不同的产物。

1. 氧化还原反应

氧化还原反应与酸碱反应、配位反应及沉淀反应有所不同,后三者是基于离子或分子间的相互结合,没有价态变化,反应简单,瞬间完成(有少数配位反应的反应速率较慢),而氧化还原反应是基于电子的转移,反应机理比较复杂。因此,在氧化还原滴定中,不仅要从氧化还原平衡的角度来考虑反应的可能性,还要从反应速率的角度考虑反应的现实性,同时必须严格控制反应条件,使之符合滴定分析的基本要求。

(1)氧化还原反应速率

氧化还原反应机理比较复杂,反应通常是分步进行的,因此反应速率比较缓慢。影响氧化还原反应速率的因素很多,除反应物本身的属性外,影响反应速率的外部因素主要有:反应物的浓度、温度、溶液酸度和催化剂等。

在氧化还原滴定中,常常利用加热的方法来提高滴定反应的速率。通常,温度每增加 $10\ ℃$,反应速率约增加 $2\sim3$ 倍。但应注意,对于易分解的物质(如 $H_2C_2O_4$)、易挥发的物质(如 I_2)和易被空气中 O_2 氧化的物质(如 Sn^{2+}、Fe^{2+})等,是不能用加热的方法来加速反应的。

(2)氧化还原反应进行的程度

在氧化还原滴定分析中,要求氧化还原反应进行得越完全越好,而反应的完全程度可以用反应的平衡常数 K 的大小来衡量。氧化还原反应的平衡常数,可以根据能斯特方程(Nernst equation)和有关电对的标准电极电位(E^θ)通过式(1-3-1)求得:

$$\lg K = \frac{(E_1^\theta - E_2^\theta) \times n_1 n_2}{0.059} \tag{1-3-1}$$

式中 E_1^θ, E_2^θ ——反应两电对的标准电极电位;

$\quad\quad n_1, n_2$ ——反应两电对的电子转移数目;

$\quad\quad K$ ——氧化还原反应的平衡常数。

由上式可知,氧化还原反应的平衡常数 K 的大小是直接由氧化剂和还原剂两电对的标准电极电位之差($\Delta E^\theta = E_1^\theta - E_2^\theta$)来决定的。两者的差值越大,$K$ 也就越大,反应进行得越完全。根据氧化还原反应的平衡常数的大小,就可以判断反应是否能定量进行完全。当 $n_1 = n_2 = 1$ 时,通常可以认为 $\lg K \geq 6$,即 $\Delta E^\theta \geq 0.4\ V$ 的氧化还原反应可以定量地进行完全,能够满足滴定分析的要求。

2. 氧化还原滴定法终点判断

在氧化还原滴定中,除了采用通常属于仪器分析方法的电位滴定法确定其终点外,还用指示剂来指示滴定终点。氧化还原滴定中常用的指示剂有以下三类:

(1)自身指示剂

在氧化还原滴定过程中,有些标准溶液或被测物质本身有颜色,则滴定时就无须另加指示剂,它本身的颜色变化就起着指示剂的作用,这称为自身指示剂。例如,以 $KMnO_4$ 标准滴定溶液滴定 $FeSO_4$ 溶液:

$$MnO_4^- + 5Fe^{2+} + 8H^+ \rightleftharpoons Mn^{2+} + 5Fe^{3+} + 4H_2O$$

由于 $KMnO_4$ 溶液本身呈紫红色,而 Mn^{2+} 几乎无色,因此,当滴定到化学计量点时,稍微过量的 $KMnO_4$ 溶液就会使被测溶液出现粉红色,表示滴定终点已到。实验证明,$KMnO_4$ 溶液的浓度约为 $2×10^{-6}$ mol/L 时,就可以观察到溶液呈粉红色。

(2)专属指示剂

这类指示剂的特点是:指示剂本身并没有氧化还原性质,但它能与滴定体系中的氧化剂或还原剂结合而显示出与其自身不同的颜色。

例如,可溶性淀粉溶液作为指示剂常用于碘量法,被称为淀粉指示剂。它在氧化还原滴定中并不发生任何氧化还原反应,本身亦无色,但它与 I_2 生成的 I_2-淀粉配合物呈深蓝色,当 I_2 被还原为 I^- 时,蓝色消失;当 I^- 被氧化为 I_2 时,蓝色出现。这种可溶性淀粉与 I_2 生成深蓝色配合物的反应就称为专属反应。当 I_2 的浓度为 $2×10^{-6}$ mol/L 时即能看到蓝色,反应极灵敏。因此,淀粉是碘量法的专属指示剂。

另外,无色的 KSCN 也可以作为 Fe^{3+} 滴定 Sn^{2+} 的专属指示剂。在化学计量点时,Sn^{2+} 全部反应完毕,再稍过量的 Fe^{3+} 即可与 SCN^- 结合,生成红色的 $Fe(SCN)_3^-$ 配合物,指示滴定终点。

(3)氧化还原指示剂

这类指示剂是本身具有氧化还原性质的有机化合物。在氧化还原滴定过程中能发生氧化还原反应,而它的氧化态和还原态具有不同的颜色,因而可指示氧化还原滴定终点。

3. 重铬酸钾法

重铬酸钾法以 $K_2Cr_2O_7$ 作滴定剂。$K_2Cr_2O_7$ 是一种强氧化剂,它只能在酸性条件下应用,其反应式为:

$$Cr_2O_7^{2-} + 14H^+ + 6e^- \rightleftharpoons 2Cr^{3+} + 7H_2O \qquad E^\theta = 1.33\ V$$

虽然 $K_2Cr_2O_7$ 在酸性溶液中的氧化能力不如 $KMnO_4$ 强,应用范围不如 $KMnO_4$ 广泛,但与 $KMnO_4$ 法相比,$K_2Cr_2O_7$ 法具有以下几个特点:

(1)易提纯,含量达 99.99%,在 140~150 ℃条件下干燥至恒重后,可直接配制成标准滴定溶液。

(2)非常稳定。在密闭容器中可长期保存,浓度不变。

(3)选择性比 $KMnO_4$ 强。室温下不与 Cl^- 作用(煮沸时可以),当 HCl 溶液浓度低于 3 mol/L 时可在 HCl 介质中进行滴定。

(4)有机物的存在对测定无影响。

(5)自身不能作为指示剂,需外加指示剂。常用指示剂有二苯胺磺酸钠或邻氨基苯甲酸。

(6)六价铬是致癌物,其废液污染环境,应加以处理,这是该法的最大缺点。

【任务实施】

1. 任务准备

（1）试剂

试剂名称	规格	试剂名称	规格	试剂名称	规格
重铬酸钾 （$K_2Cr_2O_7$）	基准试剂	盐酸（HCl）	分析纯（A.R）	氯化亚锡 （$SnCl_2 \cdot 2H_2O$）	分析纯（A.R）
硫酸（H_2SO_4）	分析纯（A.R）	氢氟酸（HF）	分析纯（A.R）	焦硫酸钾（$K_2S_2O_7$）	分析纯（A.R）
钨酸钠 （$Na_2WO_4 \cdot 2H_2O$）	分析纯（A.R）	磷酸（H_3PO_4）	分析纯（A.R）	三氯化钛（$TiCl_3$）	分析纯（A.R） 15%～20%
二苯胺磺酸钠	分析纯（A.R）				

（2）仪器

名称	规格	名称	规格	名称	规格
酸式滴定管	50 mL	高温炉		坩埚钳	
分析天平	0.0001 g	铂坩埚		玻璃棒	
烧杯	250 mL、400 mL	中速滤纸		电炉	
量筒	5 mL、20 mL	洗耳球		容量瓶	
托盘天平	0.1 g	长颈漏斗			

（3）试剂与溶液的准备

HCl（1+9）：将 1 份体积浓盐酸与 9 份体积水混合。

HCl（1+99）：将 1 份体积浓盐酸与 99 份体积水混合。

H_2SO_4（1+1）：将 1 份体积浓硫酸与 1 份体积水混合。

$SnCl_2$（60 g/L）：将 60 g 氯化亚锡（$SnCl_2 \cdot 2H_2O$）溶于 200 mL 热盐酸中，用水稀释至 1 L，混匀。

硫酸-磷酸混合试剂：将 200 mL 硫酸在不断搅拌下缓慢注入 500 mL 水中，再加入 300 mL 磷酸，混匀。

钨酸钠溶液（250 g/L）：将 250 g 钨酸钠（$Na_2WO_4 \cdot 2H_2O$）溶于适量水中（若浑浊需过滤），加 5 mL 磷酸，加水稀释至 1 L，混匀。

三氯化钛溶液（1+19）：取三氯化钛溶液（15%～20%）100 mL，加盐酸（1+1）1900 mL，混匀，加一层液状石蜡保护。

二苯胺磺酸钠指示剂溶液（2 g/L）：将 0.2 g 二苯胺磺酸钠溶于 100 mL 水中。

重铬酸钾标准滴定溶液（$c_{1/6K_2Cr_2O_7} = 0.05$ mol/L）：称取预先在 150 ℃ 下烘干 1 h 的重铬酸钾 2.4515 g 溶于水中，移入 1000 mL 容量瓶中，用水稀释到刻度，混匀。此标准滴定溶液对 Fe_2O_3 的滴定度为：$T_{Fe_2O_3} = 3.992$ mg/mL。

（4）试样的准备

将试样破碎粉磨至粒度 100 μm 以下，分析前取不少于 10 g 试样平摊在称量瓶（直径为 50 mm）

中,在105～110℃干燥箱中干燥2 h以上,盖好称量瓶盖子,放入干燥器中冷却至室温,供测定用。分析时,从干燥器中取出,尽快称取,防止其吸收水分。

2. 实施步骤

（1）试样分解

准确称取约0.2 g试样(精确至0.0001 g),置于250 mL烧杯中,加30 mL盐酸(1+9),低温加热10～20 min,滴定$SnCl_2$溶液(60 g/L)至浅黄色,继续加热10 min(体积10 mL)左右,取下。加20 mL温水,用中速滤纸过滤,滤液收集于400 mL烧杯中,用擦棒擦净杯壁,用盐酸(1+99)洗烧杯2～3次、残渣7～8次,再用热水洗残渣6～7次,滤液作为主液保存。

将残渣连同滤纸移入铂坩埚中,灰化,在800 ℃左右下灼烧20 min,冷却。加水润湿残渣,加4滴硫酸(1+1),加5 mL氢氟酸,低温加热蒸发至三氧化硫白烟冒尽,取下,加2 g焦硫酸钾,在650 ℃左右下熔融约5 min,冷却。将坩埚放入原250 mL烧杯中,加入5 mL盐酸(1+9),加热浸取熔融物,溶解后,水洗出坩埚,合并入主液。

（2）试样测定

调整溶液体积至150～200 mL,加5滴钨酸钠溶液,用$TiCl_3$溶液滴至呈蓝色,再滴加重铬酸钾标准滴定溶液至呈无色(不计读数),然后立即加10 mL硫酸-磷酸混合试剂、5滴二苯胺磺酸钠指示剂溶液(2 g/L),用重铬酸钾标准滴定溶液滴定至溶液呈稳定的紫色。

3. 数据记录与结果计算

（1）数据记录

$K_2Cr_2O_7$ 标准溶液制备	称量 $K_2Cr_2O_7$ 质量：_____ g			定容体积：_____ mL			
	$K_2Cr_2O_7$ 标准溶液浓度：_____ mol/L			滴定度：_____ mg/mL			
Fe₂O₃ 含量测定	测定次数	1	2	3	4	5	6
	试样质量(g)						
	消耗 $K_2Cr_2O_7$ 体积(mL)						
	平均体积(mL)						
	Fe₂O₃ 含量(%)						

（2）结果计算

试样中三氧化二铁(Fe_2O_3)的质量百分数按式(1-3-2)或式(1-3-3)计算:

$$w_{Fe_2O_3} = \frac{159.70 \times c_{1/6K_2Cr_2O_7} \times V_{K_2Cr_2O_7}}{m_s \times 1000} \times 100\% \qquad (1\text{-}3\text{-}2)$$

$$w_{Fe_2O_3} = \frac{T_{Fe_2O_3} \times V_{K_2Cr_2O_7}}{m_s \times 1000} \times 100\% \qquad (1\text{-}3\text{-}3)$$

式中　$w_{Fe_2O_3}$——试样中 Fe_2O_3 的质量百分数,%;

　　　$c_{1/6K_2Cr_2O_7}$——重铬酸钾标准滴定溶液的浓度,mol/L;

　　　$T_{Fe_2O_3}$——重铬酸钾标准滴定溶液相对于 Fe_2O_3 的滴定度,mg/mL;

　　　$V_{K_2Cr_2O_7}$——测定时消耗的重铬酸钾标准滴定溶液的体积,mL;

　　　159.70——Fe_2O_3 的摩尔质量,g/mol;

　　　m_s——试样的质量,g。

【任务小结】

（1）试样完全分解后，应还原一份滴定一份，不要同时还原多份试样，以免 Fe^{2+} 在空气中曝气太久，被 O_2 所氧化而导致分析结果偏低。

（2）用盐酸溶样时，应置于低温下，不能煮沸，以避免 HCl 严重挥发。

（3）溶样时，如有不溶的黑色颗粒，须过滤，用氢氟酸、硫酸处理后，再用焦硫酸钾熔融，合并入主液中。

（4）$SnCl_2$ 还原 Fe^{3+} 时必须有足量的盐酸存在，Cl^- 浓度越高，越有利于反应，因此加入 $SnCl_2$ 时溶液体积不宜过大。

（5）在滴定前加入硫酸-磷酸混合试剂是为了消除 Fe^{3+} 对指示剂的影响，避免 Fe^{3+} 的黄色掩盖蓝紫色滴定终点。

任务 4　砂岩中 SiO_2 含量的测定

（K_2SiF_6 滴定法）

【任务描述】

根据建材行业标准《水泥用硅质原料化学分析方法》(JC/T 874—2009)中规定的二氧化硅(SiO_2)含量测定方法,利用氟硅酸钾(K_2SiF_6)滴定法完成砂岩中 SiO_2 含量的测定。通过本任务的训练,使学生理解氟硅酸钾(K_2SiF_6)滴定法测定 SiO_2 含量的基本原理,掌握硅质校正原料中 SiO_2 含量的测定方法及其影响因素,能够熟练进行碱熔融法试样分解、滴定分析等基本操作,为后续开展物料化学成分全分析奠定基础。

【任务解析】

硅质校正原料是以二氧化硅(SiO_2)为主要化学成分和以石英为主要矿物成分的矿物原料的统称,在水泥生产中硅质校正原料的主要作用是补充配合生料中二氧化硅成分的不足,当水泥企业采用硅酸率低的红壤或页岩作原料时,需掺入硅质校正原料。硅质校正原料常采用砂岩和粉砂岩,也有用河沙、硅藻石、硅藻土和蛋白石。硅质校正原料的二氧化硅(SiO_2)含量通常要求在 80% 以上。

硅质校正原料中二氧化硅(SiO_2)含量的测定方法主要有:氯化铵(NH_4Cl)重量法、氟硅酸钾(K_2SiF_6)滴定法及分光光度法等,本任务依据《水泥用硅质原料化学分析方法》(JC/T 874—2009),选择氟硅酸钾(K_2SiF_6)滴定法测定砂岩中 SiO_2 的含量,该方法的基本原理如下:

以 NaOH 熔融-盐酸分解的方法制备试样溶液,在过量的 F^- 和 K^+ 存在下的强酸性溶液中,硅酸与 F^- 作用,形成 SiF_6^{2-},并进一步与过量的 K^+ 作用,生成氟硅酸钾(K_2SiF_6)沉淀。经过滤、洗涤、中和沉淀滤纸上的残余酸后,该沉淀在热水中水解,定量生成 HF,然后以酚酞作指示剂,用 NaOH 标准滴定溶液滴定。至化学计量点时,稍微过量的 NaOH 使溶液由无色变为微红色。根据滴定消耗的NaOH 溶液的体积,计算出样品中二氧化硅的含量。相关反应如下:

$$SiO_3^{2-} + 6F^- + 6H^+ \rightleftharpoons SiF_6^{2-} + 3H_2O$$

$$SiF_6^{2-} + 2K^+ \rightleftharpoons K_2SiF_6 \downarrow$$

$$K_2SiF_6 + 3H_2O \rightleftharpoons 2KF + H_2SiO_3 + 4HF$$

$$HF + NaOH \rightleftharpoons NaF + H_2O$$

【相关知识】

1. 酸碱质子理论

酸碱质子理论认为,凡是能给出质子(H^+)的物质是酸,凡是能够接受质子的物质是碱。一种碱 B 接受质子后其生成物(HB^+)便成为酸;同理,一种酸给出质子后剩余的部分便成为碱。

酸与碱的这种关系可表示如下:

$$HB \rightleftharpoons H^+ + B^-$$
$$酸 \qquad 碱$$

酸(HB)给出一个质子而形成碱(B^-),碱(B^-)得到一个质子便成为酸(HB),说明 HB 与 B^- 是共轭的,这种因一个质子的得失而互相转变的每一对酸碱称为"**共轭酸碱对**"。所以,HB 是 B^- 的共轭酸,B^- 是 HB 的共轭碱,HB—B^- 称为共轭酸碱对。可见,酸与碱彼此是不可分的,是处于一种相互依存又相互对立的关系。例如：

共轭酸　　质子　　共轭碱	共轭酸碱对
$H_2SO_4 \rightleftharpoons H^+ \; + \; HSO_4^-$	$H_2SO_4 - HSO_4^-$
$HSO_4^- \rightleftharpoons H^+ \; + \; SO_4^{2-}$	$HSO_4^- - SO_4^{2-}$
$NH_4^+ \rightleftharpoons H^+ \; + \; NH_3$	$NH_4^+ - NH_3$
$H_3PO_4 \rightleftharpoons H^+ \; + \; H_2PO_4^-$	$H_3PO_4 - H_2PO_4^-$

酸碱存在着对应的相互依存的关系；物质的酸性或碱性要通过给出质子或接受质子来体现。由上述共轭关系，酸碱质子理论指出：

(1) 酸和碱可以是分子，也可以是阳离子或阴离子。例如：H_2S、NH_4^+、$H_2PO_4^-$。

(2) 有些物质在某个共轭酸碱对中是碱，但在另一个共轭酸碱对中是酸，这类物质称为两性物质。例如：HPO_4^{2-}、$H_2PO_4^-$ 等。

(3) 酸碱质子理论中不存在盐的概念，它们分别是离子酸或离子碱。

酸碱反应的实质是质子的转移。酸(HB)要转化为共轭碱(B^-)，所给出的质子必须转移到另一种能接受质子的物质上，而在溶液中实际上没有独立的 H^+，故只可能在一个共轭酸碱对的酸和另一个共轭酸碱对的碱之间有质子的转移。因此，酸碱反应是两个共轭酸碱对之间共同作用的结果。

2. 酸碱解离平衡

根据酸碱质子理论，当酸或碱加入溶剂后，就会发生质子的转移过程，并产生相应的共轭碱或共轭酸。酸与碱既然是共轭的，则 K_a 与 K_b 间的关系为：

$$K_a \cdot K_b = K_w$$

对于多元酸(碱)，由于其在水溶液中是分级离解，因而存在着多个共轭酸碱对，这些共轭酸碱对的 K_a 和 K_b 之间也存在一定的关系，但情况较一元酸碱复杂些。

例如 H_3PO_4 共有三个共轭酸碱对：$H_3PO_4 - H_2PO_4^-$；$H_2PO_4^- - HPO_4^{2-}$；$HPO_4^{2-} - PO_4^{3-}$。于是

$$K_{a1} \cdot K_{b3} = K_{a2} \cdot K_{b2} = K_{a3} \cdot K_{b1} = K_w$$

3. 酸碱溶液 pH 值的计算

酸碱反应是物质间质子转移的结果，它反映溶液中质子转移的量的关系。在酸碱反应中，碱所得到的质子的量(mol)和酸所失去的质子的量(mol)相等，该条件是处理酸碱平衡有关计算问题的基本关系式，是酸碱平衡的核心内容。

(1) 一元弱酸(碱)溶液

在水溶液中，一元弱酸 HA 有以下解离平衡：

$$HA \rightleftharpoons H^+ + A^-$$

同时，溶液中还有 H_2O 的解离平衡：

$$H_2O \rightleftharpoons H^+ + OH^-$$

计算一元弱酸溶液$[H^+]$的精确计算式为：

$$[H^+] = \sqrt{K_a[HA] + K_w} \qquad\qquad (1\text{-}4\text{-}1)$$

若平衡时溶液中 H^+ 的浓度远远小于弱酸的原始浓度，且当 $K_a c \geqslant 20K_w$ 时，式(1-4-1)可简化为

$$[H^+] = \sqrt{c_a K_a} \qquad\qquad (1\text{-}4\text{-}2)$$

式(1-4-2)是计算一元弱酸中 H^+ 浓度的最简公式。

同理，对于一元弱碱 BOH 中 OH^- 浓度的计算也可按上式进行，只要将 K_a 换成 K_b 即可，即：

$$[OH^-] = \sqrt{c_b K_b} \qquad (1\text{-}4\text{-}3)$$

（2）多元酸碱溶液

多元酸在溶液中是分级解离的，且通常多元酸的 $K_{a1} \gg K_{a2}$，若 $K_{a1}/K_{a2} \geqslant 10^2$，则多元酸的第二步电离可忽略，其 H^+ 浓度的计算方法与一元弱酸相似。

当 $c/K_{a1} \geqslant 500, cK_{a1} \geqslant 20K_w$ 时，多元酸溶液中 H^+ 的浓度可按下式计算：

$$[H^+] = \sqrt{c_a K_{a1}} \qquad (1\text{-}4\text{-}4)$$

同理，对于多元碱溶液中 OH^- 的浓度也可按上式进行计算，只是将 K_{a1} 换成 K_{b1} 即可，即：

$$[OH^-] = \sqrt{c_b K_{b1}} \qquad (1\text{-}4\text{-}5)$$

4. 缓冲溶液

缓冲溶液是指具有能够抵抗外加少量强酸、强碱或稍加稀释，其自身 pH 值不发生显著变化的性质的溶液。一般均由浓度较大的弱酸（碱）和其共轭碱（酸）组成。如 HAc—NaAc 体系、NH_3—NH_4Cl 体系等。

缓冲溶液的缓冲作用主要依靠弱酸（碱）的解离平衡来实现，缓冲溶液的缓冲作用并不是无限的，也就是说，缓冲溶液只能在加入少量的酸碱后，才能保持溶液的 pH 值基本保持不变。

缓冲溶液的缓冲能力的大小与缓冲溶液的总浓度及组分比有关。总浓度愈大，缓冲容量愈大。总浓度一定时，缓冲组分的浓度比愈接近于 1∶1，缓冲容量愈大；当组分浓度比为 1∶1 时，缓冲溶液的缓冲能力最大；两组分的浓度相差越大，缓冲能力越小，直到丧失缓冲能力。

缓冲作用的有效 pH 值范围称为缓冲范围。这个范围大概在 pKa（或 pKa'）两侧各一个 pH 单位之内。即：

$$pH = pKa \pm 1$$

5. 酸碱指示剂

酸碱滴定过程本身不发生任何外观的变化，故常借助酸碱指示剂的颜色变化来指示滴定的计量点。酸碱指示剂自身是弱的有机酸或有机碱，其共轭酸碱对具有不同的结构，且颜色不同。当溶液的 pH 值改变时，共轭酸碱对相互发生转变，从而引起溶液的颜色发生变化。只有当溶液的 pH 值改变达到一定的范围，才能看得出指示剂的颜色变化。

指示剂的变色范围，可由指示剂在溶液中的离解平衡过程来解释。现以弱酸型指示剂（HIn）为例进行讨论。HIn 在溶液中的离解平衡为：

$$HIn \rightleftharpoons H^+ + In^-$$

酸式色 　　碱式色

$$K_{HIn} = \frac{[H^+][In^-]}{[HIn]}$$

由上可知：在一定温度下，K_{HIn} 是一个常数，比值 $[In^-]/[HIn]$ 仅为 $[H^+]$ 的函数，当 $[H^+]$ 发生改变时，$[In^-]/[HIn]$ 的比值随之发生改变，溶液的颜色也逐渐发生改变。

需要指出的是，不是 $[In^-]/[HIn]$ 任何微小的改变都能使人观察到溶液颜色的变化，因为人眼辨别颜色的能力是有限的。

当 $[In^-]/[HIn] \leqslant 1/10$ 时，$pH \leqslant pK_{HIn}-1$，只能观察出酸式色（HIn）；

当 $[In^-]/[HIn] \geqslant 10$ 时，$pH \geqslant pK_{HIn}+1$，观察到的是指示剂的碱式色；

当 $10 > [In^-]/[HIn] > 1/10$ 时，$pK_{HIn}-1 < pH < pK_{HIn}+1$，观察到的是混合色，人眼一般难以辨别。

当指示剂的 $[In^-]=[HIn]$ 时，$pH = pKa_{HIn}$，人们称此 pH 值为**指示剂的理论变色点**。理想的情况是滴定终点与指示剂变色点的 pH 值完全一致,实际上这是有困难的。

根据上述理论推算,指示剂的变色范围应是两个 pH 单位。即:

$$pH = pKa_{HIn} \pm 1$$

因此,只有在 $pH = pKa_{HIn} \pm 1$ 的范围内,人们才能觉察出由 pH 值改变而引起的指示剂颜色的变化。这种可以看到指示剂颜色变化的 pH 值区间,称为**指示剂的变色范围**。

6. 酸碱滴定曲线

酸碱滴定中,随着滴定的进行,溶液的酸度在不断地变化。溶液的酸度随着滴定剂加入量的变化曲线,称为酸碱滴定曲线。现以 0.1000 mol/L NaOH 溶液分别滴定 20.00 mL、0.1000 mol/L HCl 溶液和 HAc 溶液为例讨论酸碱滴定的规律。

整个滴定过程可分为滴定前($V_{NaOH} = 0$)、滴定开始至计量点前($V_{NaOH} < 20.00$ mL)、化学计量点时($V_{NaOH} = 20.00$ mL)和化学计量点后($V_{NaOH} > 20.00$ mL)四个阶段来考虑,根据加入 NaOH 溶液的体积及溶液的性质,分别计算各阶段溶液的 pH 值。将计算结果列于表 1-4-1 中,以 NaOH 加入量为横坐标,pH 值为纵坐标,绘制 pH—V 关系曲线,即得酸碱滴定曲线,见图 1-4-1 所示。

表 1-4-1　用 0.1 mol/L NaOH 溶液分别滴定
20 mL、0.1 mol/L HCl **溶液和** 20 mL、0.1 mol/L HAc **溶液的** pH **值**

加入 NaOH 溶液		pH	
V(mL)	加入百分数(%)	滴定 HCl 溶液	滴定 HAc 溶液
0	0	1.00	2.87
18.00	90.00	2.28	5.70
19.80	99.00	3.30	6.74
19.98	99.90	4.30	7.70
20.00	100.00	7.00	8.72
20.02	100.10	9.70	9.70
20.20	101.00	10.70	10.70
22.00	110.00	11.70	11.70
40.00	200.00	12.50	12.50

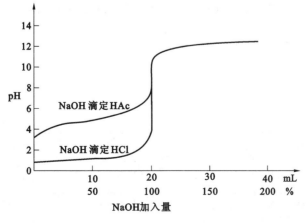

图 1-4-1　酸碱的滴定曲线

通过图 1-4-1 可以看出,整个滴定过程 pH 值的变化规律为:渐变→突变→渐变,即滴定开始至计量点前,曲线比较平坦,即随着滴定剂的加入,溶液的 pH 值变化比较缓慢;至化学计量点附近时,少量滴定剂的加入即可引起溶液 pH 值的急剧变化;到化学计量点后,溶液 pH 值的变化又比较平缓。

在化学计量点附近溶液 pH 值发生急剧变化的现象称为滴定的"pH 值突跃"。换句话说,在化学计量点附近参数所出现的急剧变化现象就称为"滴定突跃"。通常将在化学计量点前后相对误差为 ±0.1% 的范围内,溶液 pH 值变化的范围称为"滴定的突跃范围",简称"突跃范围"。

根据突跃范围的大小,可以选择适合滴定的指示剂。滴定中,若指示剂的变色范围在突跃范围内,则滴定终点将落在突跃范围内,终点误差自然符合分析要求。

利用相同的滴定曲线绘制方法,我们可以绘制不同浓度、不同强度酸碱的滴定曲线,如图 1-4-2 和图 1-4-3 所示。

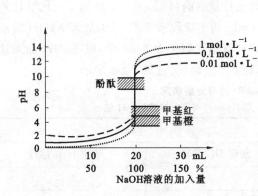 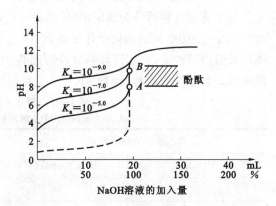

图 1-4-2　不同浓度 NaOH 溶液滴定 HCl 溶液的滴定曲线　　图 1-4-3　NaOH 溶液滴定不同强度酸的滴定曲线

通过图 1-4-2 和图 1-4-3 可以看出,影响酸碱滴定突跃范围的因素主要是酸碱的浓度和强度。酸碱的浓度越大,滴定的突跃范围越大;酸碱的强度越高,即 K_a 或 K_b 越大,滴定的突跃范围越大。

7. 酸碱滴定条件

滴定反应的完全程度是能否准确滴定的首要条件。当浓度一定时,K_a 愈大,突跃范围愈大。当浓度为 0.1 mol/L,$K_a \leqslant 10^{-9}$ 时已无明显的突跃。

实践证明,人眼要想借助指示剂准确判断终点,滴定的 pH 值突跃范围必须在 0.2 单位以上。在这个条件下,分析结果的相对误差在 $-0.1\% \sim 0.1\%$ 范围内。只有弱酸的 $cK_a \geqslant 10^{-8}$ 才能满足这一要求。

因此,通常将 $cK_a \geqslant 10^{-8}$ 或 $cK_b \geqslant 10^{-8}$ 作为判断弱酸碱能否滴定的依据。

【任务实施】

1. 任务准备

(1) 试剂

试剂名称	规格	试剂名称	规格	试剂名称	规格
氢氧化钠(NaOH)	分析纯(A.R)	盐酸(HCl)	分析纯(A.R)	氟化钾(KF·2H₂O)	分析纯(A.R)
氯化钾(KCl)	分析纯(A.R)	硝酸(HNO₃)	分析纯(A.R)	酚酞	分析纯(A.R)
邻苯二甲酸氢钾(KHP)	基准试剂	95%乙醇(C₂H₅OH)	分析纯(A.R)	甲基红	分析纯(A.R)

（2）仪器

名称	规格	名称	规格	名称	规格
滴定管	25 mL	移液管	50 mL	容量瓶	250 mL
塑料烧杯	300 mL	分析天平	0.0001 g	托盘天平	0.1 g
高温炉		电炉		银坩埚	
试剂瓶		洗耳球		塑料搅棒	
量筒		锥形瓶		玻璃烧杯	

（3）试剂与溶液的制备

HCl(1+5)：将 1 份体积浓盐酸与 5 份体积水混合。

氟化钾溶液(150 g/L)：称取 150 g 氟化钾($KF \cdot 2H_2O$)于塑料烧杯中，加水溶解，用水稀释至 1 L，贮存于塑料瓶中。

氯化钾溶液(50 g/L)：将 50 g 氯化钾(KCl)溶于水，加水稀释至 1 L。

氯化钾-乙醇溶液(50 g/L)：将 5 g 氯化钾(KCl)溶于 50 mL 水，加 50 mL 95％乙醇，混匀。

酚酞指示剂溶液(10 g/L)：将 1 g 酚酞溶于 100 mL 95％乙醇中。

甲基红指示剂溶液(2 g/L)：将 0.2 g 甲基红溶于 100 mL 95％乙醇中。

（4）NaOH 标准滴定溶液(c_{NaOH}=0.15 mol/L)的制备

配制：将 6 g 固体 NaOH 溶于 1 L 水中，充分摇匀，贮存于带橡皮塞(装有钠石灰干燥管)的硬质玻璃瓶或塑料瓶中，贴上标签备用。

标定：称取约 0.8 g 邻苯二甲酸氢钾(KHP)基准物，精确至 0.0001 g，置于 300 mL 烧杯中，加入约 150 mL 新煮沸的已用 NaOH 溶液中和至酚酞呈微红色的冷蒸馏水，搅拌使其完全溶解，加入 6～7 滴酚酞指示剂(10 g/L)，用待标定的 NaOH 标准滴定溶液滴定至溶液呈微红色并保持 30 s 不褪色即为滴定终点，记录 NaOH 标准滴定溶液消耗的体积。

NaOH 标准滴定溶液的浓度按式(1-4-6)计算：

$$c_{NaOH} = \frac{m_{KHP} \times 1000}{V_{NaOH} M_{KHP}}$$

（1-4-6）

式中　c_{NaOH}——氢氧化钠标准滴定溶液的浓度，mol/L；

　　　V_{NaOH}——标定时所消耗的氢氧化钠标准滴定溶液的体积，mL；

　　　m_{KHP}——邻苯二甲酸氢钾的质量，g；

　　　M_{KHP}——邻苯二甲酸氢钾的摩尔质量，g/mol。

NaOH 标准滴定溶液对二氧化硅的滴定度按式(1-4-7)计算：

$$T_{SiO_2} = c_{NaOH} \times \frac{1}{4} \times M_{SiO_2}$$

（1-4-7）

式中　c_{NaOH}—— 氢氧化钠标准滴定溶液的浓度，mol/L；

　　　T_{SiO_2}——氢氧化钠标准滴定溶液对二氧化硅的滴定度，g/mL；

　　　M_{SiO_2}——二氧化硅的摩尔质量，g/mol。

（5）分析试样的准备

试样应具有代表性和均匀性。采用四分法或缩分器将试样缩分至不少于 100 g，试样通过 80 μm 方孔筛筛析时筛余不应超过 15％。再用四分法或缩器将试样缩分至约 25 g，经过研磨后使其全部通过孔径为 80 μm 的方孔筛，充分混匀，装入试样瓶中，密封保存，供测定用。其余作为原样保存备用。

2. 实施步骤

（1）砂岩试样的分解

称取约 0.5 g 试样（m_s），精确至 0.0001 g，置于银坩埚中，加入 6～7 g 氢氧化钠（NaOH），放入高温炉中，在 650～700 ℃的高温下熔融 30～40 min，取出冷却。在 300 mL 烧杯中，加入 100 mL 水，加热至沸腾，然后将坩埚放入烧杯中，盖上表面皿，在电炉上适当加热，待熔块完全浸出后，取出坩埚，用水冲洗坩埚和盖。在搅拌下一次加入 25 mL 盐酸（HCl），再加入 1 mL 硝酸（HNO$_3$），加热使溶液澄清，用盐酸（1+5）及水洗净坩埚，冷却至室温后，定量转移至 250 mL 容量瓶中，用水稀释至刻线，摇匀。

（2）沉淀氟硅酸钾（K$_2$SiF$_6$）

吸取 50 mL 上述试样溶液，放入 300 mL 塑料烧杯中，加入 10～15 mL 浓 HNO$_3$、10 mL 氟化钾溶液（150 g/L），搅拌。然后根据室温按表 1-4-2 加入适量的固体 KCl，用搅拌器搅拌 10 min（用磁力搅拌器搅拌时，应预先将塑料杯放在 25 ℃以下的水中冷却 5 min）。

表 1-4-2　氯化钾加入量表

实验室温度（℃）	<15	15～20	21～25	26～30	>30
KCl 加入质量（g）	5	8	10	13	16

（3）氟硅酸钾（K$_2$SiF$_6$）沉淀的分离

取下塑料烧杯，用中速滤纸过滤，用 KCl 溶液（50 g/L）洗涤塑料烧杯 1 次，冲洗滤纸及沉淀 2 次。将滤纸连同沉淀一起取下并置于原塑料烧杯中，沿烧杯壁加入 20～30 mL 的 KCl-乙醇溶液（50 g/L）及 2 滴甲基红指示剂溶液（2 g/L），用 0.15 mol/L 的 NaOH 标准滴定溶液中和至溶液由红刚刚变黄。

（4）沉淀的水解及滴定

向烧杯中加入 300 mL 已中和至使酚酞指示剂呈微红色的沸水及 1 mL 酚酞指示剂溶液（10 g/L），以 0.15 mol/L 的 NaOH 标准滴定溶液滴定至溶液由红变黄，再至微红色，即达到滴定终点，记录消耗的 NaOH 溶液的体积。

3. 数据记录与结果计算

（1）数据记录

	标定次数	1	2	3	4	5	6
NaOH 标准溶液制备	KHP 质量（g）						
	NaOH 溶液消耗体积（mL）						
	平均体积						
	NaOH 溶液浓度（mol/L）						
	滴定度（g/mL）						

	称样质量：＿＿＿		定容体积：＿＿＿		测定分取体积：＿＿＿		
SiO$_2$ 含量测定	测定次数	1	2	3	4	5	6
	消耗 NaOH 溶液体积（mL）						
	平均体积（mL）						
	SiO$_2$ 含量（%）						

（2）结果计算

试样中 SiO_2 的含量按式(1-4-8)或式(1-4-9)计算：

$$w_{SiO_2} = \frac{c_{NaOH} \times V_{NaOH} \times M_{SiO_2} \times \frac{1}{4} \times 5}{m_s \times 1000} \times 100\% \qquad (1-4-8)$$

$$w_{SiO_2} = \frac{T_{SiO_2} \times V_{NaOH} \times 5}{m_s \times 1000} \times 100\% \qquad (1-4-9)$$

式中　　w_{SiO_2}——试样中 SiO_2 的含量(质量百分数)，%；

T_{SiO_2}——NaOH 标准滴定溶液对二氧化硅(SiO_2)的滴定度，mg/mL；

c_{NaOH}——NaOH 标准滴定溶液的浓度，mol/L；

V_{NaOH}——滴定时所消耗的 NaOH 标准滴定溶液的体积，mL；

m_s——试样的质量，g；

M_{SiO_2}——二氧化硅(SiO_2)的摩尔质量，g/mol；

5——全部试样溶液总体积与所分取试样溶液体积的比值。

【任务小结】

（1）应保证测定溶液有足够的酸度，酸度应保持在$[H^+] = 3$ mol/L 左右，若过低则易形成其他盐类的氟化物沉淀而干扰测定；若过高则会给沉淀的洗涤和残余酸的中和带来困难。

（2）根据室温条件，加入适量的 KCl 固体，如果 KCl 结晶析出太多，会给过滤、洗涤造成困难。

（3）因 K_2SiF_6 为细小晶形沉淀，充分搅拌或放置一定时间可使沉淀晶体长大，便于过滤和洗涤。

（4）严格控制沉淀、洗涤、中和残余酸时的温度，尽可能使温度降低，以免引起 K_2SiF_6 沉淀的预先水解。若室温高于 30 ℃，应将进行沉淀的塑料杯、洗涤液、中和液等放在冷水中冷却。

（5）必须有足够的 F^-、K^+，以降低 K_2SiF_6 沉淀的溶解度。溶液中有过量的 KF 和 KCl 存在时，由于同离子效应而有利于 K_2SiF_6 沉淀反应进行完全。但要适当过量，否则会生成氟铝酸钾、氟钛酸钾沉淀，此沉淀也能在沸水中水解，游离出 HF，导致测定结果偏高。

（6）用 KCl 溶液洗涤沉淀时操作应迅速，并严格控制洗涤液用量在 20～25 mL，以防止 K_2SiF_6 沉淀提前水解。

（7）残余酸的中和应迅速完成，否则 K_2SiF_6 水解，会使测定结果偏低。中和时加入 KCl-乙醇溶液作抑制剂可使结果准确；把包裹沉淀的滤纸展开，可使包在滤纸中的残余酸迅速被中和。

（8）K_2SiF_6 沉淀的水解反应是吸热反应，所以水解时水的温度愈高，体积愈大，愈有利于 K_2SiF_6 水解反应的进行。因此，加入 300 mL 沸水使其水解完全，同时所用沸水须先用 NaOH 溶液中和至酚酞呈微红色，以消除水质对测定结果的影响。

（9）滴定时的温度不应低于 70 ℃，滴定速率应适当加快，以防止 H_2SiO_3 参与反应而使测定结果偏高。滴定至终点呈微红色即可，且与 NaOH 标准滴定溶液标定时的终点颜色一致，以减少滴定误差。

【拓展提高】

1. 氧化硅含量的测定(盐酸二次蒸干重量法)

（1）方法提要

试样以无水碳酸钠熔融，盐酸溶解，并于沸水浴中进行二次蒸发，使硅酸凝聚，经过滤、灼烧后称量。用氢氟酸处理后,失去的质量即为胶凝性二氧化硅的含量,再加上从滤液中比色回收的可溶性二氧化硅即为总二氧化硅含量。

(2) 分析步骤

称取约 0.5 g 试样(m_s),精确至 0.0001 g,置于铂坩埚中,加入 4 g 已磨细的无水碳酸钠,仔细混匀,再将 1 g 无水碳酸钠盖在上面。盖上坩埚盖并留有缝隙,从低温开始加热,逐渐升高温度至 950～1000 ℃,熔融至透明的熔体,旋转坩埚,使熔体附于坩埚壁上,冷却。

将熔体用热水溶出后,移入瓷蒸发皿中,盖上表面皿,从皿口慢慢加入 10 mL 盐酸(1＋1)及 2～3 滴硝酸,待反应停止后取下表面皿,用平头玻璃棒压碎块状物使其分解完全,用热盐酸(1＋1)清洗坩埚数次,洗液合并于蒸发皿中。将蒸发皿置于沸水浴上,皿上放一玻璃三脚架,再盖上表面皿,蒸发至干。

取下蒸发皿,加入 10～20 mL 热盐酸(3＋97),搅拌使可溶性盐类溶解。用中速定量滤纸过滤,用胶头擦棒以热盐酸(3＋97)擦洗玻璃棒及蒸发皿,并洗涤沉淀 3～4 次,然后用热水充分洗涤沉淀,直至检验无氯离子为止(用硝酸银溶液检验)。在沉淀上加 6 滴硫酸(1＋4),滤液及洗液保存于 300 mL 烧杯中。

将烧杯中的滤液转移到原蒸发皿中,在水浴上蒸发至干后,取下放入烘箱中,于 110 ℃左右的温度下烘 60 min,取出,放冷。加入 10～20 mL 热盐酸(3＋97),搅拌使可溶性盐类溶解。用中速定量滤纸过滤,用胶头擦棒以热盐酸(3＋97)擦洗玻璃棒及蒸发皿,并洗涤沉淀 3～4 次,然后用热水充分洗涤沉淀,直至检验无氯离子为止(用硝酸银溶液检验)。滤液及洗液收集于 250 mL 容量瓶中。

在沉淀上加 3 滴硫酸(1＋4),然后将两次所得的二氧化硅沉淀连同滤纸一并移入铂坩埚中,将坩埚盖斜置于坩埚上,在电炉上干燥、灰化完全后,放入 1200 ℃的高温炉内灼烧 20～40 min,取出坩埚置于干燥器中,冷却至室温,称量(m_1)。

向坩埚中慢慢加入数滴水润湿沉淀,加入 6 滴硫酸(1＋4)和 10 mL 氢氟酸,放入通风橱内电热板上缓慢加热,蒸发至干,升高温度继续加热至三氧化硫白烟完全驱尽。将坩埚放入 1100～1150 ℃的高温炉内灼烧 10 min,取出坩埚置于干燥器中,冷却至室温,称量(m_2)。

(3) 结果计算

试样中二氧化硅的质量百分数按式(1-4-10)计算:

$$w_{\mathrm{SiO_2}} = \frac{m_1 - m_2}{m_s} \times 100\% \tag{1-4-10}$$

式中　m_s——试样的质量,g;

　　　m_1——氢氟酸处理前沉淀的质量,g;

　　　m_2——氢氟酸处理后残渣的质量,g。

2. 二氧化硅含量的测定(氯化铵重量法)

(1) 方法提要

试样以无水碳酸钠烧结,盐酸溶解,加固体氯化铵于蒸汽水浴中加热蒸发,使硅酸凝聚,经过灼烧后称量。用氢氟酸处理后,失去的质量即为胶凝性二氧化硅的含量。

(2) 分析步骤

称取约 0.5 g 试样(m_s),精确至 0.0001 g,置于铂坩埚中,将盖斜置于坩埚上,在 950～1000 ℃下灼烧 5 min,取出坩埚冷却。用玻璃棒仔细压碎块状物,加入(0.3±0.01) g 已磨细的无水碳酸钠,仔细混匀,再将坩埚置于 950～1000 ℃下灼烧 10 min,取出坩埚冷却。

将烧结块移入瓷蒸发皿中,加少量水润湿,用平头玻璃棒压碎块状物,盖上表面皿,从皿口慢慢加入 5 mL 盐酸及 2～3 滴硝酸,待反应停止后取下表面皿,用平头玻璃棒压碎块状物使其分解完全,用热盐酸(1+1)清洗坩埚数次,洗液合并于蒸发皿中。将蒸发皿置于蒸汽水浴上,蒸发皿上放一个玻璃三角架,再盖上表面皿。蒸发至糊状后,加入约 1 g 氯化铵,充分搅匀,在蒸汽水浴上继续蒸发 10～15 min。蒸发期间用平头玻璃棒仔细搅拌并压碎大颗粒。

取下蒸发皿,加入 10～20 mL 热盐酸(3+97),搅拌使可溶性盐类溶解。用中速定量滤纸过滤,用胶头擦棒擦洗玻璃棒及蒸发皿,用热盐酸(3+97)洗涤沉淀 3～4 次,然后用热水充分洗涤沉淀,直至检验无氯离子为止。滤液及洗液保存在 250 mL 容量瓶中。

将沉淀连同滤纸一并移入铂坩埚中,将盖斜置于坩埚上,在电炉上干燥、灰化完全后,放入 950～1000 ℃的高温炉内灼烧 60 min,取出坩埚置于干燥器中,冷却至室温,称量。反复灼烧,直至恒量(m_1)。

向坩埚中慢慢加入数滴水润湿沉淀,加 3 滴硫酸(1+4)和 10 mL 氢氟酸,放入通风橱内电热板上缓慢加热,蒸发至干,升高温度继续加热至三氧化硫白烟完全驱尽。将坩埚放入 950～1000 ℃的高温炉内灼烧 30 min,取出坩埚置于干燥器中,冷却至室温,称量。反复灼烧,直至恒量(m_2)。

(3) 结果计算

试样中二氧化硅的质量分数计算与盐酸二次蒸干重量法相同,可按式(1-4-10)计算。

【任务思考】

(1) 利用氟硅酸钾(K_2SiF_6)滴定法测定 SiO_2 含量时,如何防止 K_2SiF_6 沉淀提前水解?

(2) 利用氟硅酸钾(K_2SiF_6)滴定法测定 SiO_2 为什么要中和残余酸?

(3) 利用氟硅酸钾(K_2SiF_6)滴定法测定 SiO_2 含量时,为什么需在塑料器皿中进行?

任务 5　水泥生料烧失量的测定
（灼烧差减法）

【任务描述】

根据国家标准《水泥化学分析方法》(GB/T 176—2008)的相关规定,利用灼烧差减法完成水泥生料试样烧失量的测定。通过本任务的训练,使学生理解水泥生料烧失量的测定意义及恒量的基本概念,掌握重量分析法的基本操作技能,能够规范使用高温炉、干燥器等重量分析的常用仪器。

【任务解析】

烧失量又称灼减量,即试样在一定温度下,高温灼烧所排出的结晶水、碳酸盐分解出的 CO_2、硫酸盐分解出的 SO_2 以及有机杂质被排除后质量的损失,与低价硫、铁等易氧化元素氧化成高价引起质量增加的代数和,英文缩写:LOI。

水泥生料的质量控制是水泥生产过程中一个非常重要的环节,生料质量的好坏,对水泥熟料质量和煅烧操作有直接的影响。水泥生料的烧失量是计算料耗及水泥烧成系统热工测试的一个重要数据;熟料烧失量是衡量熟料质量的重要指标,通过熟料的烧失量可以判断窑内物料反应完全程度及煤粉燃烧完全程度;通过水泥的烧失量,可以判断水泥中石膏及混合材的掺加量。因此,测定水泥生料的烧失量具有重要意义。烧失量的测定通常利用灼烧差减法进行,该方法的基本原理是:

试样在(950±25) ℃的高温炉中灼烧,驱除二氧化碳和水分,同时将存在的易氧化的元素氧化。根据灼烧前后试样质量的损失,计算试样的烧失量。通常应对由于硫化物的氧化而引起的烧失量的误差进行校正,而其他元素的氧化而引起的误差一般可忽略不计。

【相关知识】

1. 重量分析法

重量分析法是将被测组分以某种形式与试样中的其他组分分离,然后转化为一定的形式,用准确称量的方法确定被测组分含量的分析方法。重量分析法又称**质量分析法或称量分析法**。

根据被测组分与试样中其他组分分离的方法不同,重量分析法一般分为沉淀法、挥发法、电解法三类。沉淀法是使被测组分以难溶化合物的形式与其他组分分离;挥发法是利用物质的挥发性,使其以气体形式与其他组分分离;电解法则是利用电解原理,使被测金属离子在电极上析出而与其他组分分离。

重量分析法是直接通过称量试样及所得物质的质量得到分析结果,不需用基准物质和容量仪器,引入误差的机会少,准确度高,对于常量组分分析,相对误差约为 0.1%~0.2%,因此,重量分析法常用于仲裁分析或校准其他方法的准确度。但重量分析操作比较烦琐,耗时较长,满足不了快速分析的要求,不适用于生产中的控制分析;同时,对于低含量组分的测定,误差较大,不适用于微量和痕量组分分析。

(1) 挥发重量分析法

挥发重量分析法又称气化法,是利用物质的挥发性质,通过加热或其他方法使试样中某挥发性组分逸出,根据试样质量的减轻计算该组分的含量(间接称量法);或是利用某种吸收剂吸收挥发出的气体,根据吸收剂质量的增加计算该组分的含量(直接称量法)。

挥发重量分析法常用于物料水分的测定、烧失量的测定及煤的工业分析。

利用加热方法使挥发性组分逸出时,要注意控制加热温度和加热时间。对不同组分的测定,加热温度和加热时间是不同的。

（2）沉淀重量分析法

沉淀重量分析法是重量分析法的主要方法。该方法是利用沉淀反应使被测组分以难溶化合物的形式沉淀出来,经过滤、洗涤、烘干或灼烧后,转化为组成一定的物质,然后称其质量,根据称得沉淀的质量计算出被测组分的含量。

利用沉淀反应进行重量分析时,首先将试样分解制成分析试液,然后在一定条件下加入适当的沉淀剂,使被测组分以适当的"沉淀形式"沉淀出来,沉淀形式经过滤、洗涤、烘干、灼烧后,得到可以用来称量的"称量形式",再进行称量,最后计算出被测组分的含量。

2. 重量分析法基本流程

重量分析法的主要操作过程可表示如下：

（1）试样分解

将试样制成分析试液。根据不同性质的试样,选择适当的溶剂,对于难溶于水的试样,一般采取酸溶法、碱溶法或熔融法。

（2）沉淀

在一定条件下,加入适当的沉淀剂,使被测组分生成符合要求的难溶化合物。

（3）过滤和洗涤

过滤的目的是使沉淀与母液分开。过滤时要注意选择适当的滤器与滤纸。需要灼烧的沉淀应选用定量滤纸（或称无灰滤纸）,一般无定形沉淀选用快速滤纸;粗晶形沉淀选用中速滤纸;细晶形沉淀选用慢速滤纸。不需要灼烧的沉淀应用玻璃砂芯漏斗过滤,注意选择适当的规格,在过滤前应将其洗净、烘干、冷却、准确称量,直至恒重。

洗涤沉淀的目的是除去沉淀表面上不易挥发的杂质和残留母液。洗涤沉淀时要选择合适的洗涤剂,尽可能减少沉淀的溶解损失和避免形成胶体。

洗涤剂选择原则:溶解度小且不易形成胶体的沉淀,可用蒸馏水洗涤;对于溶解度大的晶形沉淀,应选用易挥发的沉淀剂稀溶液洗涤;对于易形成胶体的无定形沉淀,应选用挥发性的电解质稀溶液洗涤。

洗涤的方法:采用"少量多次"的洗涤方法。洗净与否,以最后流出的洗涤液是否含有母液中的某种离子为依据。沉淀的洗涤必须连续进行,中途不能放置,以免再吸附杂质而不易洗净。

（4）烘干和灼烧

烘干和灼烧是为了除去沉淀中的水分和挥发性物质,使沉淀变为纯净、干燥、组成恒定、便于称量的称量形式。烘干和灼烧的温度与时间随着沉淀的不同而不同。

以滤纸过滤的沉淀,常置于已恒重的瓷坩埚中进行烘干和灼烧,若沉淀需要加HF处理,则改用铂坩埚。使用玻璃砂芯漏斗过滤的沉淀,应在电热烘箱内烘干。玻璃砂芯漏斗和坩埚及坩埚盖在使用前,均应预先烘干或灼烧至恒重,且与沉淀烘干和灼烧时的温度与时间相同。

（5）称量、恒量

沉淀反复烘干或灼烧,经冷却后称量,直至两次称量的质量差不大于天平的称量误差,即为恒量。

《水泥化学分析方法》(GB/T 176—2008)规定:经过第一次灼烧、冷却、称量后,通过连续每次 15 min 的灼烧,然后冷却、称量的方法来检查恒定质量,当连续两次称量之差小于 0.0005 g 时,即达到恒量。

3. 沉淀重量分析法对沉淀形式和称量形式的要求

在沉淀重量分析法中,被测组分与沉淀剂生成的沉淀称为沉淀的沉淀形式,而沉淀形式经过滤、洗涤、烘干、灼烧后得到的沉淀称为沉淀的称量形式,二者在组成上可能相同,也可能不同,例如:

$$Ba^{2+} \xrightarrow[沉淀]{BaCl_2} BaSO_4 \xrightarrow[烘干、灼烧]{过滤、洗涤} BaSO_4$$
被测组分　　　　沉淀形式　　　　称量形式

$$Mg^{2+} \xrightarrow[沉淀]{(NH_4)_2HPO_4} MgNH_4PO_4 \xrightarrow[烘干、灼烧]{过滤、洗涤} MgP_2O_7$$
被测组分　　　　沉淀形式　　　　称量形式

在沉淀重量分析法中,沉淀形式起着分离作用,而称量形式则承担称量作用,因此该法对二者的要求也不相同,表 1-5-1 所示为沉淀重量分析法对沉淀形式和称量形式的要求。

表 1-5-1　沉淀重量分析法对沉淀形式和称量形式的要求

对沉淀形式的要求	对称量形式的要求
● 沉淀的溶解度要小 ——沉淀的溶解损失不能超过分析天平的称量误差 ● 沉淀必须纯净 ——沉淀的纯度是获得准确结果的重要因素之一 ● 沉淀易于过滤和洗涤并易于转化为称量形式 ——这是保证沉淀纯度的一个重要方面	● 化学组成必须与化学式相符 ——这是定量分析计算的基本依据 ● 有足够的稳定性 ——称量时不易被氧化;干燥、灼烧时不易被分解 ● 摩尔质量要大 ——旨在减小称量误差,提高分析结果的准确度

【任务实施】

1. 任务准备

(1) 仪器设备及材料

名称	规格	名称	规格	名称	规格
分析天平		高温炉		干燥器	
瓷坩埚		坩埚钳		水泥生料	

(2) 试样的准备

试样应具有代表性和均匀性。采用四分法或缩分器将试样缩分至约 100 g,经 80 μm 方孔筛筛析,用磁铁吸去筛余物中的金属铁,将筛余物研磨后使其全部通过孔径为 80 μm 的方孔筛,充分混匀,装入试样瓶中,密封保存,供测定用。

2. 实施步骤

称取约 1 g 试样(m_s),精确至 0.0001 g,置于已灼烧至恒重的瓷坩埚中,将坩埚盖斜置于坩埚上,放在高温炉内,从低温开始逐渐升高温度,在(950±25)℃下灼烧 15～20 min,取出坩埚置于干燥器中,冷却至室温,称量。反复灼烧,直至恒量(m_1)。

3. 数据记录与结果计算

（1）数据记录

空坩埚恒重	灼烧次数	1	2	3
	坩埚质量(g)			
	坩埚恒量质量(g)			
试样称量	坩埚＋试样质量(g)			
	试样质量(g)			
灼烧恒量	灼烧次数	1	2	3
	坩埚＋试样质量(g)			
	灼烧后残渣质量(g)			
测定结果	w_{LOI}			

（2）结果计算

水泥生料烧失量按式(1-5-1)计算：

$$w_{LOI} = \frac{m_s - m_1}{m_s} \times 100\% \tag{1-5-1}$$

式中　w_{LOI}——试样烧失量,%；

　　　m_s——试样的质量,g；

　　　m_1——灼烧后试样残渣的质量,g。

【任务小结】

（1）灼烧时应从低温开始逐步升高,对瓷坩埚有侵蚀性的试样应在铂坩埚中测定；
（2）为了正确反映灼烧基的化学组分,烧失量试样和进行全分析的试样应同时称取；
（3）烧失量的数值与灼烧的温度和时间有直接关系,因此,必须严格按规定进行控制。

【拓展提高】

1. 不同物料烧失量的测定

由于物料的性质不同,因此在烧失量的测定上也有差异,主要表现在灼烧温度、灼烧时间有所不同。水泥生产中,常见物料的烧失量的测定条件见表 1-5-2。

表 1-5-2　不同物料烧失量的测定条件

物料名称	试样质量(g)	灼烧温度(℃)	灼烧时间(min)
水泥、熟料及生料	1	950±25	15～20
石灰石	1	950～1000	60
硅质原料	2	1100	30～60
铁质原料	1	950～1000	60
石膏	1	850	60

2. 硫化物氧化引起的烧失量误差的校正

硫化物(S^{2-})在高温条件下会被氧化生成硫酸盐(SO_4^{2-}),致使物料的质量增加,由此而引起的烧失量误差需要进行校正。通常矿渣硅酸盐水泥及掺入大量矿渣的其他水泥在测定烧失量时,均需进行误差的校正。

由于硫化物氧化引起的烧失量误差的校正方法如下:取两份试样,一份用来直接测定其中的三氧化硫含量;另一份按测定烧失量的测定条件灼烧一定时间,然后测定灼烧后试样中的三氧化硫含量。根据灼烧前后三氧化硫含量的变化,校正烧失量误差。

试样在灼烧过程中,由于硫化物氧化引起的烧失量误差可按式(1-5-2)进行校正:

$$w'_{LOI} = w_{LOI} + 0.8 \times (w'_{SO_3} - w_{SO_3}) \tag{1-5-2}$$

式中　w'_{LOI}——校正后的烧失量,%;

　　　w_{LOI}——实际测定的烧失量,%;

　　　w'_{SO_3}——灼烧前试样中三氧化硫的质量百分数,%;

　　　w_{SO_3}——灼烧后试样中三氧化硫的质量百分数,%;

　　　0.8——S^{2-}氧化为SO_4^{2-}时增加的氧与SO_3的摩尔质量比,即$(4 \times 16)/80 = 0.8$。

【任务思考】

进行水泥生料烧失量的测定时,称取约_____ g(精确至 0.0001 g)试样,置于已灼烧至恒量的_____中,将坩埚盖_____,放在高温炉内从低温开始逐渐升高温度,在_____下灼烧_____ min,取出坩埚,置于干燥器中冷却至室温,称量。如此反复灼烧,直至恒量。

问题一:是否应将坩埚盖盖严,为什么?

问题二:灼烧至恒量的要求是什么?

问题二:为什么高温炉要从低温开始逐渐升高温度?

任务 6　石膏中 SO_3 含量的测定
（$BaSO_4$ 重量法）

【任务描述】

根据国家标准《石膏化学分析方法》（GB/T 5484—2012）的相关规定，利用硫酸钡（$BaSO_4$）重量法完成石膏试样中三氧化硫（SO_3）含量的测定。通过本任务的训练，使学生理解硫酸钡（$BaSO_4$）重量法测定石膏中三氧化硫（SO_3）含量的基本原理，掌握测定过程中影响分析结果准确度的因素，能够按照国家标准规范，独立地完成过滤、洗涤、烘干和灼烧等重量分析法的基本操作，能根据沉淀的不同性质选择适当的沉淀条件。

【任务解析】

石膏的主要化学成分是硫酸钙（$CaSO_4$），是一种用途广泛的工业材料和建筑材料。天然石膏按矿物组成可分为：石膏（代号 G）、硬石膏（代号 A）和混合石膏（代号 M）。石膏在形式上主要以二水硫酸钙（$CaSO_4 \cdot 2H_2O$）存在；硬石膏在形式上主要以无水硫酸钙（$CaSO_4$）存在，且无水硫酸钙（$CaSO_4$）的质量分数与二水硫酸钙（$CaSO_4 \cdot 2H_2O$）、无水硫酸钙（$CaSO_4$）的质量分数之和的比值不小于80%；混合石膏在形式上主要以二水硫酸钙（$CaSO_4 \cdot 2H_2O$）和无水硫酸钙（$CaSO_4$）存在，且无水硫酸钙（$CaSO_4$）的质量分数与二水硫酸钙（$CaSO_4 \cdot 2H_2O$）、无水硫酸钙（$CaSO_4$）的质量分数之和的比值小于80%。

根据《通用硅酸盐水泥》（GB 175—2007）的规定，用于水泥生产的石膏主要有：G 类天然石膏、二级及以上的 M 类混合石膏，以及以硫酸钙为主要成分的工业副产品石膏（脱硫石膏、磷石膏等），并经实验证明对水泥性能无害。

石膏作为水泥的缓凝剂，不仅可以用来调节水泥的凝结时间，也可用于增加水泥的强度，特别对矿渣硅酸盐水泥的作用更为显著。石膏也可作为矿化剂用于水泥熟料煅烧，对提高熟料的质量和产量有明显的效果。对于石膏的质量控制，应进厂一批，取样化验一次，基本检验项目主要有：附着水、结晶水和三氧化硫（SO_3）含量。一般情况下，测定石膏中的三氧化硫含量即可，根据其三氧化硫含量可计算出水泥中石膏的掺量。

三氧化硫（SO_3）含量的测定方法主要有：硫酸钡（$BaSO_4$）重量法、碘量法、离子交换法、恒电流库仑滴定法等。国家标准《水泥化学分析方法》（GB/T 176—2008）提供了硫酸钡（$BaSO_4$）重量法、碘量法、离子交换法、恒电流库仑滴定法及铬酸钡分光光度法等 5 种测定方法。本任务采用《石膏化学分析方法》（GB/T 5484—2012）中提供的硫酸钡（$BaSO_4$）重量法，测定天然石膏中三氧化硫（SO_3）的含量，该方法的基本原理如下：

对于天然石膏、硬石膏和不含亚硫酸钙的工业副产品石膏，试样用盐酸分解，过滤后在酸性溶液中用氯化钡（$BaCl_2$）溶液沉淀硫酸盐，经过滤、洗涤、烘干和灼烧后，以硫酸钡（$BaSO_4$）形式称量。测定结果以三氧化硫（SO_3）计。

对于含亚硫酸钙的工业副产品石膏，试样用过氧化氢（H_2O_2）氧化后，在酸性溶液中测定三氧化硫（SO_3）和二氧化硫（SO_2）的总含量，再减去测得的二氧化硫的量，即得三氧化硫（SO_3）的含量。

【相关知识】

1. 沉淀的溶解度及其影响因素

沉淀的溶解度是指难溶化合物溶于溶液中的浓度,对于强电解质来讲,溶解度即为溶解离子的浓度,常用 s 表示。溶解度和溶度积常数(K_{sp})都可以用来衡量难溶化合物的溶解能力。对于同种类型(MA 型、MA_2 型等)的难溶化合物,在同一温度下,溶度积常数 K_{sp} 越小,沉淀的溶解度也越小。但对不同类型的沉淀,不能简单地从溶度积的大小来判断溶解度的大小,需根据溶度积换算成溶解度,然后再比较大小。

沉淀溶解度的大小,从本质上讲,取决于沉淀本身的性质。同时,沉淀的溶解度还受其外部条件的影响,如同离子效应、盐效应、酸效应、配位效应等。此外,温度、溶剂、沉淀的颗粒大小,也对沉淀的溶解度有影响。

（1）同离子效应

组成沉淀的离子称为构晶离子。当沉淀反应达到平衡时,向溶液中加入含有某一构晶离子的试剂或溶液,使沉淀的溶解度减小的现象,称为同离子效应。

在实际分析工作中,常通过加入过量的沉淀剂,利用同离子效应使被测组分沉淀完全。但是,并非加入的沉淀剂越多越好,沉淀剂过量太多时,还可能引起盐效应、配位效应等,反而使沉淀的溶解度增大。一般来讲,对于烘干或灼烧易挥发除去的沉淀剂,过量 $50\% \sim 100\%$;对于不易挥发除去的沉淀剂,过量 $20\% \sim 30\%$ 为宜。

（2）盐效应

当沉淀反应达到平衡时,由于强电解质的存在或向溶液中加入其他易溶强电解质,使难溶化合物的溶解度增大的现象,称为盐效应。

如果在溶液中加入的强电解质非同离子,只存在盐效应,则盐效应的影响更为显著。例如,$AgCl$、$BaSO_4$ 在 KNO_3 溶液中的溶解度比在纯水中大,而且溶解度随 KNO_3 浓度的增大而增大。

盐效应与同离子效应对沉淀的溶解度的影响恰恰相反,因此在沉淀重量分析法中,除应控制沉淀剂的加入量外,还应注意避免引入大量强电解质,使盐效应占主导,从而使沉淀的溶解度增大;如果沉淀的溶解度本身很小,通常可以不考虑盐效应。

（3）酸效应

溶液的酸度对沉淀的溶解度的影响称为酸效应。酸效应对沉淀的溶解度的影响比较复杂,对于不同类型的沉淀,酸度对其溶解度的影响不同。

若沉淀为弱酸盐,如 CaC_2O_4、$BaCO_3$、$MgNH_4PO_4$ 等,酸度增加,沉淀的溶解度增大。因此,生成这些沉淀时,应在较低的酸度条件下进行。

若沉淀本身为弱酸,易溶于碱溶液,酸度增加,沉淀的溶解度降低。因此,应在强酸性介质中进行沉淀。

若沉淀为强酸盐,如 $AgCl$、$BaSO_4$ 等,一般来讲溶液的酸度对沉淀的溶解度的影响不大。但若酸度过高,硫酸盐的溶解度会随之增大,因为 SO_4^{2-} 会与 H^+ 结合生成 HSO_4^-,使 SO_4^{2-} 浓度降低,从而使沉淀的溶解度增大。

（4）配位效应

进行沉淀反应时,若溶液中存在能与构晶离子形成可溶性配合物的配位剂,则会使沉淀的溶解度增大,甚至完全溶解,这种现象称为配位效应。

配位效应对沉淀的溶解度的影响程度,与配位剂的浓度及生成的配合物的稳定性有关。配位剂的浓度愈大,生成的配合物愈稳定,沉淀的溶解度愈大。

　　沉淀反应中的配位剂主要来自两方面,一是沉淀剂本身就是配位剂,二是另外加入的其他试剂。若沉淀剂本身就是配位剂,此时,体系中既有同离子效应,会降低沉淀的溶解度;又有配位效应、盐效应,会增大沉淀的溶解度。

　　在实际分析工作中,应根据具体情况确定哪一种是影响沉淀的溶解度的主要因素。一般来说,对无配位效应的强酸盐沉淀,主要考虑同离子效应;对弱酸盐沉淀主要考虑酸效应;对能与配位剂形成稳定的配合物而且溶解度不是太小的沉淀,则主要考虑配位效应。此外,还应考虑其他因素,如温度、溶剂、沉淀的颗粒大小对沉淀的溶解度的影响。

　　(5) 其他因素

　　① 温度的影响

　　沉淀的溶解反应绝大多数为吸热反应。因此,大多数沉淀的溶解度一般随着温度的升高而增大。但沉淀的性质不同,温度对其溶解度的影响程度也不一样。在沉淀重量分析法中,对于溶解度较大的沉淀,如 CaC_2O_4、$MgNH_4PO_4$ 等,通常在沉淀反应完成后,需先将溶液冷却至室温,再进行沉淀过滤、洗涤等操作,以减小温度升高带来溶解度增大的不利影响;对于溶解度较小的沉淀,例如大多数的无定形沉淀,温度对其溶解度的影响不明显,且温度降低后,沉淀将难以过滤、洗涤,因此要趁热过滤,并且用热的洗涤剂洗涤沉淀,这样有利于增大杂质的溶解度,得到纯净的沉淀。

　　② 溶剂的影响

　　大多数无机物沉淀在有机溶剂中的溶解度比在水中的小。例如,$PbSO_4$ 沉淀在水中的溶解度为 4.5 mg/100 mL,而在 30% 的乙醇溶液中的溶解度则降为 0.23 mg/100 mL。因此,向水中加入适量与水互溶的有机溶剂,如乙醇、丙酮等,可显著降低沉淀的溶解度,减小沉淀的溶解损失。但是,需要指出的是,如采用有机沉淀剂,所得的沉淀在加入有机溶剂后反而会使溶解度增大,将增大沉淀的溶解损失。

　　③ 沉淀颗粒大小的影响

　　一般来说,对于同一种沉淀,大颗粒沉淀的溶解度较小,小颗粒沉淀的溶解度较大。这是因为颗粒小的沉淀比表面积大,有更多的角、边和表面,处于这些位置的离子受到晶体内部的作用力小,更易受到溶剂的作用而进入溶液。利用这一现象,晶形沉淀在沉淀生成后,将沉淀与母液放置一段时间,可使小颗粒逐渐溶解,大颗粒不断长大,不仅有利于沉淀的过滤和洗涤,还可减少沉淀对杂质的吸附,使沉淀更加纯净。

2. 影响沉淀纯度的因素

　　在沉淀重量分析中,不仅要求沉淀完全,还要保证沉淀纯净。但是当沉淀从溶液中析出时,总有一些可溶性物质随之一起沉淀下来,使沉淀沾污。

　　影响沉淀纯度的因素主要有共沉淀现象和后沉淀现象两种。

　　(1) 共沉淀现象

　　当一种沉淀从溶液中析出时,溶液中某些可溶性杂质随沉淀同时析出,这种现象称为共沉淀现象。共沉淀现象是沉淀重量分析中误差的主要来源之一。

　　产生共沉淀现象的原因主要有表面吸附、吸留和形成混晶三种。

　　① 表面吸附

　　表面吸附是在沉淀的表面吸附了杂质。产生这种现象的根本原因是沉淀晶体表面的静电引力。由于沉淀晶体表面上的离子与沉淀晶体内部的离子所处的状况不同,表面构晶离子所受的静电引力是不平衡的,存在剩余引力,因而沉淀表面上的构晶离子就有吸附溶液中带相反电荷离子的能力,被吸附的离子再通过静电引力吸引溶液中的其他离子,形成双电层。

　　例如,用过量的 $BaCl_2$ 沉淀 SO_4^{2-},在生成的 $BaSO_4$ 沉淀晶体内部,每个 Ba^{2+} 周围有六个 SO_4^{2-} 包

围着,每个 SO_4^{2-} 周围也有六个 Ba^{2+} 包围,它们的静电引力相互平衡而稳定。但是在晶体表面,离子只能被五个带相反电荷的离子包围,至少有一面未被带相反电荷的离子所吸引,静电引力不平衡。因此,沉淀表面的 SO_4^{2-} 就会由于静电引力而吸引溶液中过剩的 Ba^{2+},形成表面带正电荷的第一吸附层,第一吸附层又会吸引溶液中带相反电荷的离子(如 Cl^-),形成第二吸附层(扩散层),第一吸附层和第二吸附层构成电中性的双电层,双电层离子组成的化合物($BaCl_2$)即为沉淀吸附的杂质,如图 1-6-1 所示。

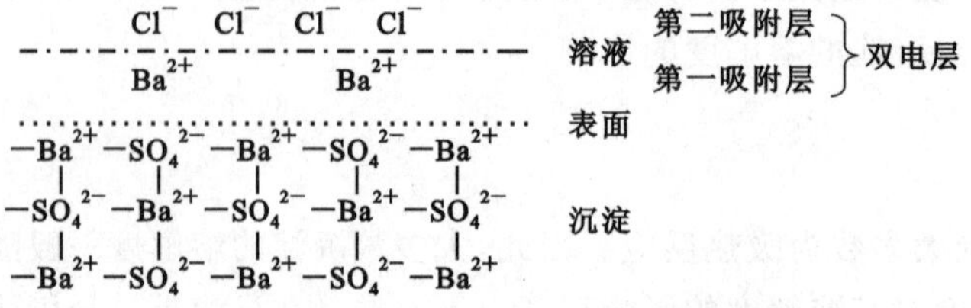

图 1-6-1　$BaSO_4$ 晶体的表面吸附作用示意图

从静电引力的作用来说,在溶液中任何带相反电荷的离子都有被吸附的可能性。但是实际上,表面吸附是有选择性的。对第一吸附层来讲,构晶离子首先被吸附,其次吸附与构晶离子大小接近、电荷相同的离子。例如,$BaSO_4$ 沉淀首先吸附 Ba^{2+} 或 SO_4^{2-}。对第二吸附层来讲,与被吸附构晶离子生成溶解度或离解度较小的化合物的离子优先被吸附;被吸附离子所带的电荷数越多、离子浓度越大,越容易被吸附。

沉淀吸附杂质量的多少,主要与沉淀总表面积、杂质离子的浓度及温度有关。沉淀总表面积越大,杂质离子浓度越大,吸附杂质的量就越多。所以,相同质量的同种沉淀,大颗粒沉淀的比表面积小,吸附的杂质较少;而小颗粒沉淀的比表面积大,吸附的杂质多。由于吸附过程是一个放热过程,因而温度越高,吸附杂质的量越少。

吸附作用是一个可逆过程。一方面,杂质被沉淀吸附;另一方面,被吸附的离子能够被溶液中的某些离子所置换,重新进入溶液。利用这一性质可选择适当的洗涤液,通过洗涤的方法除去沉淀表面的部分杂质离子。

② 吸留

在沉淀过程中,当沉淀剂浓度较大、加入速度较快时,沉淀表面吸附的杂质离子来不及离开,就被新生成的沉淀包藏到沉淀内部,这种共沉淀现象称为吸留,也称为包藏。由于杂质留在沉淀内部,吸留引入的杂质无法用洗涤的方法除去,但可以通过沉淀陈化或重结晶的方法予以减少。在沉淀过程中,要注意沉淀剂的浓度不能太大,沉淀剂加入的速度不要太快,否则沉淀速度过快,易引起吸留。

③ 形成混晶

当试液中杂质离子与构晶离子的半径相近、晶体结构相同时,杂质离子将进入晶格排列中,形成混晶。混晶引入的杂质离子,不能用洗涤、陈化或重结晶的方法除去,应该在进行沉淀前将这些离子分离除去。

(2) 后沉淀现象

在沉淀过程结束后,当沉淀与母液一起放置时,溶液中的某些杂质离子在沉淀表面慢慢析出,这种现象称为后沉淀。

后沉淀现象与共沉淀现象的主要区别表现在以下几方面:

● 后沉淀引入杂质的量,随着沉淀在试液中放置时间的延长而增多,而共沉淀量几乎不受放置时间的影响。所以避免或减少后沉淀的主要方法是缩短沉淀与母液共置的时间,沉淀形成后尽快过滤,不能进行陈化。

● 不论杂质是在沉淀之前就存在,还是在沉淀之后加入,后沉淀引入的杂质的量基本一致。

● 温度升高,后沉淀现象有时更为严重。

● 后沉淀引入杂质的程度,比共沉淀严重得多。

3. 提高沉淀纯度的方法

为得到纯净的沉淀,针对共沉淀现象和后沉淀现象造成的沉淀不纯,可采取下列措施:

(1) 选择适当的分析程序

例如在分析试液中,当被测组分的含量较少、杂质的含量较多时,应使少量的被测组分先沉淀下来。如果先分离杂质,则会使部分低含量的被测组分共沉淀,产生较大的误差。

(2) 降低易吸附离子的浓度

对于易被吸附的杂质离子,可采用适当的掩蔽方法来降低其浓度,或使之转化为不易被吸附的离子,以减少吸附共沉淀。例如,沉淀 $BaSO_4$ 时,Fe^{3+} 容易被吸附,可将其还原为 Fe^{2+} 或用 EDTA 掩蔽,可使 Fe^{3+} 共沉淀大大减少。

(3) 选择适当的洗涤溶液洗涤沉淀

由于吸附作用是一种可逆过程,选择适当的洗涤液通过洗涤交换的方法,使洗涤液中的离子与沉淀吸附的杂质离子交换,再通过灼烧除去沉淀表面的洗涤液离子,可提高沉淀的纯度。因此,洗涤液应选择易挥发的物质的溶液。

(4) 选择适当的沉淀条件

对于不同类型的沉淀,应选择不同的沉淀条件,以减少杂质。沉淀的条件主要包括溶液浓度、温度、试剂加入的次序和速度、陈化等。

(5) 进行再沉淀

将已得到的沉淀过滤、洗涤后,再重新溶解,进行第二次沉淀。第二次沉淀时,溶液中杂质的量大为降低,共沉淀或后沉淀现象自然减少。同时再沉淀可以减少或除去吸留的杂质。

4. 沉淀的条件

(1) 晶形沉淀的沉淀条件

① 在适当稀的溶液中进行沉淀

在适当稀的溶液中进行沉淀,有利于生成大颗粒的晶形沉淀。同时,在稀溶液中,杂质离子的浓度较小,所以共沉淀现象也相应减少,有利于得到纯净的沉淀。但是,对于溶解度较大的沉淀,溶液不能太稀,否则沉淀溶解损失较多,影响结果的准确度。

② 在热溶液中进行沉淀

在热溶液中进行沉淀,一方面随温度的升高,沉淀吸附杂质的量减少,有利于得到纯净的沉淀;另一方面,温度升高,有利于生成大颗粒晶体。但应注意,随温度的升高,沉淀的溶解度会增加,为防止沉淀在热溶液中的溶解损失,在沉淀析出完全后,宜将溶液冷却至室温,再进行过滤。

③ 在不断搅拌的同时缓慢地加入沉淀剂

在搅拌的同时缓慢加入沉淀剂,可使沉淀剂有效地分散开,避免出现沉淀剂局部过浓现象,有利于得到大颗粒晶形沉淀。

④ 进行陈化

沉淀完全后,让初生成的沉淀与母液一起放置一段时间,这个过程称为"陈化"。

陈化过程是小晶粒逐渐溶解,大晶粒不断长大的过程。因为在同样的条件下,小晶粒的溶解度比大晶粒的大。在同一溶液中,对大晶粒为饱和溶液时,对小晶粒则为不饱和,小晶粒就要溶解,直至达到饱和,此时对大晶粒则为过饱和,因此,溶液中的构晶离子就在大晶粒上沉积。沉积到一定程度后,溶液对大晶粒为饱和溶液时,对小晶粒又变为不饱和,小晶粒又要溶解。如此循环下去,小晶粒逐渐消失,大晶粒不断长大。

陈化过程又是不纯沉淀转化为较纯净沉淀的过程。因为晶粒变大后,沉淀吸附杂质的量减少;同时,由于小晶粒溶解,原来吸附、吸留的杂质也重新进入溶液,因而提高了沉淀的纯度。但是,陈化作用对混晶共沉淀带入的杂质,不能除去;对于有后沉淀的沉淀,不仅不能提高纯度,有时反而会降低纯度,此时应注意陈化时间的控制。

在室温条件下进行陈化所需的时间较长,加热和搅拌可以加速陈化进程,缩短陈化时间,能从数小时缩短至 1~2 h,甚至几十分钟。

(2) 无定形沉淀的沉淀条件

无定形沉淀一般颗粒较小,结构疏松,体积庞大,吸附的杂质较多,而且易形成胶体溶液,不易过滤和洗涤。因此,对于无定形沉淀来说,主要是设法加速沉淀微粒凝聚,获得结构紧密的沉淀,减少杂质吸附和防止形成胶体溶液。

① 在较浓的溶液中进行沉淀

在浓溶液中进行沉淀,离子水化程度小,得到的沉淀结构比较紧密,表观体积较小,这样的沉淀较易过滤和洗涤。但是在浓溶液中杂质浓度也比较高,沉淀吸附杂质的量也较多。因此,在沉淀完毕后,应立刻加入大量的热水稀释并搅拌,使被吸附的杂质部分转入溶液中。

② 在热溶液中及电解质存在条件下进行沉淀

在热溶液中进行沉淀可以防止胶体生成,同时可以减少杂质的吸附作用。在电解质存在条件下进行沉淀,可促使带电胶体粒子相互凝聚,破坏胶体;同时电解质离子可以取代杂质离子在沉淀表面的吸附位置,再利用灼烧的方法除去,提高沉淀的纯度,所以应加入易挥发的强电解质,如 NH_4NO_3、NH_4Cl 等。

③ 趁热过滤、洗涤,不必陈化

无定形沉淀放置后,会逐渐失去水分而聚集得更为紧密,使已吸附的杂质难以洗涤除去。因此,在沉淀完毕后,应趁热过滤和洗涤。

【任务实施】

1. 任务准备

(1) 试剂与仪器

名称	规格	名称	规格	名称	规格
盐酸(HCl)	分析纯(A.R)	氯化钡(BaCl$_2$·2H$_2$O)	分析纯(A.R)	硝酸银(AgNO$_3$)	分析纯(A.R)
硝酸(HNO$_3$)	分析纯(A.R)	分析天平	0.0001 g	托盘天平	0.1 g
高温炉		干燥器		电炉	
瓷坩埚		滤纸		烧杯	300 mL
漏斗		玻璃棒			

(2) 溶液的制备

HCl(1+1):将 1 份体积浓盐酸与 1 份体积水混合。

氯化钡溶液(100 g/L):称取 100 g 氯化钡($BaCl_2$·2H$_2$O)溶于水中,用水稀释至 1 L。

硝酸银溶液(5 g/L):将 0.5 g 硝酸银($AgNO_3$)溶于水中,加入 1 mL 硝酸,用水稀释至 100 mL,贮存于棕色瓶中。

(3) 试样的准备

试样应具有代表性和均匀性,样品量不少于 100 g。将试样在(45±3) ℃下烘干至恒量或测定附着水后的试样缩分至约50 g。把试样研磨至全部通过孔径为150 μm的方孔筛,使用机械研磨时应注意研磨过程中试样温度不超过55 ℃,制样前将设备清洗干净,避免污染试样。然后充分混匀,装入试样瓶中,密封保存。

如果试样不潮湿,可以直接研磨至全部通过孔径为150 μm的方孔筛,混匀后密封保存。此试样可直接用于化学分析,同时进行附着水的测定。测定附着水后的试料可直接用于结晶水的测定。将去除了附着水后的分析结果换算成干燥基结果。

2. 实施步骤

（1）试样分解

称取约0.5 g试样(m_s),精确至0.0001 g,置于300 mL烧杯中,加入约40 mL水,搅拌使试样完全分散。在搅拌下加入10 mL盐酸(1+1),用平头玻璃棒压碎块状物,加热煮沸并保持微沸5 min。用中速滤纸过滤,用热水洗涤10~12次,滤液及洗液收集于300 mL烧杯中,加水稀释至约250 mL。

（2）硫酸钡的沉淀、灼烧和称量

玻璃棒底部压一小片定量滤纸,盖上表面皿,加热煮沸,在微沸条件下从杯口缓慢逐滴加入15 mL热的氯化钡溶液(100 g/L),继续微沸数分钟至沉淀良好地形成。然后在常温下静置12~24 h或温热处静置至少4 h(仲裁分析应在常温下静置12~24 h),此时溶液体积应保持在约200 mL。用慢速定量滤纸过滤,以温水洗涤,用胶头擦棒和一小片定量滤纸擦洗烧杯及玻璃棒,洗涤至检验无氯离子为止(用硝酸银溶液检验)。

将沉淀及滤纸一并移入已灼烧至恒量的瓷坩埚中,灰化完全后,放入800~950 ℃的高温炉内灼烧30 min,取出坩埚,置于干燥器中冷却至室温,称量。反复灼烧,直至恒量(m_1)。

3. 数据记录与结果计算

（1）数据记录

	灼烧次数	1	2	3
空坩埚恒量	坩埚质量(g)			
	坩埚恒量质量(g)			
试样称量	坩埚+试样质量(g)			
	试样质量(g)			
灼烧恒量	灼烧次数	1	2	3
	坩埚+沉淀质量(g)			
	灼烧后沉淀质量(g)			
测定结果	SO₃(%)			

（2）结果计算

试样中三氧化硫(SO_3)的质量百分数按式(1-6-1)计算:

$$w_{SO_3} = \frac{m_1 \times 0.343}{m_s} \times 100\%$$ (1-6-1)

式中　w_{SO_3}——试样中SO_3的质量百分数,%;

　　　m_1——灼烧后硫酸钡沉淀的质量,g;

　　　m_s——试样的质量,g;

　　　0.343——硫酸钡对三氧化硫的换算系数。

【任务小结】

(1) 本方法适用于天然石膏中三氧化硫含量的测定,同时也可用于磷石膏、氟石膏、黏土质石膏样品以及水泥中三氧化硫含量的测定。

(2) 试样应置入干燥的烧杯中,或加入少许水用玻璃棒预先将试样分散,否则,时间稍长,试样会结块,不易分解。

(3) 沉淀过程中,应加入适当过量的沉淀剂 $BaCl_2$,利用同离子效应降低沉淀的溶解度。但 $BaCl_2$ 不宜过量太多,否则钡离子容易共沉淀。

(4) 在沉淀及沉淀放置过程中,溶液酸度控制要适当。溶液酸度过低,钙、铁离子及碳酸盐等易共沉淀;酸度过高,会促使 $BaSO_4$ 形成酸式盐而增大其溶解度。试样测定过程中,溶液的酸度可保持 $0.3 \sim 0.4$ mol/L,这样既可以减少共沉淀,又有利于得到粗大颗粒的晶形硫酸钡沉淀,且易于操作。

(5) 分解试样时,试样中有部分酸不溶物,这会妨碍测定,因此在沉淀 $BaSO_4$ 前,应采用过滤的方法将酸不溶物除去。

(6) 灼烧沉淀前,应先充分灰化,滤纸呈灰白色表示灰化完全。否则,未燃尽的碳可能将 $BaSO_4$ 还原为 BaS(浅绿色),使测定结果偏低。反应为:

$$BaSO_4 + 2C \Longleftrightarrow BaS + 2CO_2 \uparrow$$

(7) 灼烧空坩埚和沉淀至恒量时,控制的条件(如灼烧温度、冷却时间等)都应一致,反复灼烧的时间每次约为 15 min。

【拓展提高】

水泥中 SO_3 含量的测定(离子交换法)

(1) 方法提要

在水介质中,用氢型阳离子交换树脂对水泥中的硫酸钙进行两次静态交换,生成等物质的量的氢离子,以酚酞作指示剂,用氢氧化钠标准滴定溶液滴定。

该方法仅适用于掺加天然石膏并且不含氟、氯、磷的水泥中 SO_3 含量的测定。

(2) 分析步骤

称取约 0.2 g 试样(m_s),精确至 0.0001 g,置于已放有 5 g 树脂、10 mL 热水及一根磁力搅拌子的 150 mL 烧杯中,摇动烧杯使试样分散。然后加入 10 mL 沸水,立即置于磁力搅拌器上,加热搅拌 10 min。取下,以快速滤纸过滤,用热水洗涤烧杯和滤纸上的树脂 $4 \sim 5$ 次,滤液及洗液收集于已放有 2 g 树脂及一根磁力搅拌子的 150 mL 烧杯中(此时溶液体积在 10 mL 左右)。将烧杯再置于磁力搅拌器上,搅拌 3 min。取下,以快速滤纸将溶液过滤于 300 mL 烧杯中,用热水洗涤烧杯和滤纸上的树脂 $5 \sim 6$ 次。

向溶液中加入 $5 \sim 6$ 滴酚酞指示剂溶液(10 g/L),用氢氧化钠标准滴定溶液(0.06 mol/L)滴至溶液呈微红色,记录消耗的体积。

保存滤纸上的树脂,可以回收处理后再利用。

(3) 结果计算

试样中三氧化硫(SO_3)的质量百分数按式(1-6-2)或式(1-6-3)计算:

$$w_{SO_3} = \frac{\frac{1}{2} \times (c_{NaOH} \times V_{NaOH}) \times M_{SO_3}}{m_s \times 1000} \times 100\% \qquad (1\text{-}6\text{-}2)$$

$$w_{SO_3} = \frac{T_{SO_3} \times V_{NaOH}}{m_s \times 1000} \times 100\%$$　　　　　　　　　（1-6-3）

式中　　c_{NaOH}——氢氧化钠标准滴定溶液的浓度，mol/L。

　　　　V_{NaOH}——消耗的氢氧化钠标准滴定溶液的体积，mL；

　　　　T_{SO_3}——氢氧化钠标准滴定溶液对三氧化硫的滴定度，mg/mL；

　　　　M_{SO_3}——三氧化硫的摩尔质量，g/moL；

　　　　m_s——试样的质量，g。

项目 2　微量组分分析

项 目 描 述		本项目以水泥生产过程中的主要原材料、水泥生料、水泥熟料及水泥成品等为分析对象,选择游离氧化钙(f-CaO)、碱含量(R_2O)、氧化镁(MgO)、三氧化二铁(Fe_2O_3)及氯离子(Cl^-)等微量组分为分析任务,通过项目任务的训练,使学生理解水泥化学分析中微量组分测定的方法,巩固常规化学分析方法的基本操作,掌握分光光度法、原子吸收分光光度法、火焰光度法等仪器分析方法的原理、仪器使用及操作,并为后续开展物料化学成分全分析奠定基础
项 目 目 标	知 识 目 标	(1) 了解相关标准及规范对分析项目的相应要求,理解各测定指标对样品质量的影响; (2) 理解水泥化学分析中微量有害组分测定的方法; (3) 掌握分析数据运算、处理的相关规则; (4) 认识所用仪器设备的组成部件及类型,理解仪器工作条件的选择及优化原则
	能 力 目 标	(1) 能根据仪器的操作规程,调试、使用分光光度计、火焰光度计、原子吸收分光光度计等仪器设备; (2) 能根据相关标准的要求,完成游离氧化钙、三氧化二铁、氧化镁、碱含量及氯离子等组分含量的测定; (3) 能处理分析数据,判断分析结果是否符合标准的要求; (4) 能正确、规范地填写原始记录、分析检验报告等表格
	素 质 目 标	(1) 确立安全、节约、环保的思想意识; (2) 培养科学严谨、认真负责的职业素养; (3) 养成客观公正、实事求是的职业习惯
项 目 任 务		任务 1　水泥熟料中 f-CaO 含量的测定(乙二醇法) 任务 2　水泥中 Cl^- 含量的测定(硫氰酸铵滴定法) 任务 3　石灰石中 Fe_2O_3 含量的测定(邻菲罗啉分光光度法) 任务 4　水泥中碱含量的测定(火焰光度法) 任务 5　水泥熟料中 MgO 含量的测定(原子吸收分光光度法)
项目实施要求		项目分组实施,由组长负责组织实施,小组共同完成本项目的 5 个检测任务。 　　任务实施要求:准备分析检测所需的仪器设备;配制分析检测所需的标准溶液、指示剂溶液及其他辅助试剂溶液;完成任务要求组分的分析测定;规范、及时地填写原始数据记录,完成数据的处理;提交分析检测报告

任务 1　水泥熟料中 *f*-CaO 含量的测定
（乙二醇法）

【任务描述】

根据国家标准《水泥化学分析方法》（GB/T 176—2008）中规定的水泥熟料中游离氧化钙（*f*-CaO）含量的测定方法，利用乙二醇法完成水泥熟料中游离氧化钙（*f*-CaO）含量的测定。通过本任务的训练，使学生理解游离氧化钙含量测定的基本原理，能够规范使用游离氧化钙测定仪完成水泥熟料中游离氧化钙（*f*-CaO）含量的测定。

【任务解析】

1. 测定意义

游离氧化钙（*f*-CaO）是指水泥熟料中没有参加化学反应形成水泥熟料矿物而以游离态存在的氧化钙，其水化速度很慢，要在水泥硬化并形成一定强度后才开始水化，由此引起水泥石体积不均匀膨胀、强度下降、开裂甚至崩裂，最终造成水泥安定性不良。

控制水泥熟料中 *f*-CaO 的含量，对于保证熟料强度和安定性都是十分重要的。同时通过 *f*-CaO 含量的变化，可以判断配料和煅烧情况。

从理论上讲，熟料中 *f*-CaO 的含量越低越好（回转窑熟料要求 *f*-CaO 的含量应小于 1.5%）。因为随着 *f*-CaO 含量的增加，熟料强度会明显下降，安定性合格率也会大幅度下降。所以，在确定 *f*-CaO 的控制指标时，企业应综合考虑本厂的生产工艺、原（燃）材料、设备、操作水平等因素，从而确定一个既经济又合理的指标。

国家标准中 *f*-CaO 含量的测定方法有两种：乙二醇法和甘油酒精法。

本任务采用乙二醇法进行。

2. 方法提要

滴定分析常以水作为溶剂，但由于 *f*-CaO 易与水反应生成 $Ca(OH)_2$，同时水泥熟料矿物（硅酸三钙、硅酸二钙、铝酸三钙等）也能与水作用生成 $Ca(OH)_2$，因此在水溶液中很难将两者区分开来，使 *f*-CaO 含量的测定十分困难。因此，*f*-CaO 含量的测定通常采用一些非水的溶剂（一般为有机溶剂，如冰醋酸、酒精、乙二醇等），在无水条件下进行直接滴定。

在加热搅拌条件下，使试样中的 *f*-CaO 与乙二醇作用定量生成弱碱性的乙二醇钙，以酚酞为指示剂，用苯甲酸-无水乙醇标准滴定溶液滴定，根据苯甲酸标准滴定溶液的消耗量，即可求出 *f*-CaO 的含量。具体反应如下：

$$2C_6H_5COOH + \begin{array}{c} CH_2O \\ | \\ CH_2O \end{array}Ca \longrightarrow (C_6H_5COO)_2Ca + \begin{array}{c} CH_2OH \\ | \\ CH_2OH \end{array}$$

　　苯甲酸　　　　乙二醇钙　　　　　　苯甲酸钙　　　　　乙二醇

【相关知识】

1. 非水溶剂

（1）溶剂的分类

根据可释放或接受质子的性质，滴定常用的非水溶剂可分为酸性、碱性、两性及惰性四种，也可混合使用。

① 酸性溶剂

这类溶剂给出质子的能力比水强，接受质子的能力比水弱，即酸性比水强、碱性比水弱，称为酸性溶剂。有机弱碱在酸性溶剂中可显著地增强其相对碱度，酸性溶剂主要用于弱碱含量的测定，最常用的酸性溶剂为冰醋酸。

② 碱性溶剂

这类溶剂给出质子的能力比水弱，接受质子的能力比水强，即酸性比水弱、碱性比水强，称为碱性溶剂。有机弱酸在碱性溶剂中可显著地增强其相对酸度，碱性溶剂主要用于测定弱酸的含量，最常用的碱性溶剂为二甲基甲酰胺。

③ 两性溶剂

这类溶剂的酸碱性与水相近，即它们给出和接受质子的能力相当，兼有酸、碱两种性能，其作用是：中性介质，传递质子，主要用于测定酸性或碱性较强的有机酸或有机碱。最常用的两性溶剂为甲醇、乙醇。

④ 惰性溶剂

这类溶剂既没有给出质子的能力，又没有接受质子的能力，其介电常数通常比较小，在该溶剂中物质难以解离，所以称为惰性溶剂。惰性溶剂常与质子溶剂混用，用来溶解、分散、稀释溶质，用于滴定弱酸性物质。在惰性溶剂中，溶剂分子之间没有质子自递反应发生，质子转移反应只发生在试样和滴定剂之间。最常见的惰性溶剂为苯、甲苯、氯仿等。

（2）溶剂的性质

① 解离性

在非水溶剂中，只有惰性溶剂不能解离，其余都有不同程度的解离。

酸碱反应程度与溶剂的解离性：在水中，强酸与强碱的反应是水自身解离反应的逆反应；在乙醇中，强酸与强碱的反应是乙醇自身解离反应的逆反应。

相同物质在溶剂自身解离常数 K_s 值越小的溶剂中，滴定突跃越大，滴定终点越敏锐。

② 酸碱性

溶剂的酸性或碱性的强弱分别由它们的共轭酸碱对决定，每一对共轭酸碱对中，酸越强，其对应的共轭碱就越弱。

酸碱的强弱与溶剂的酸碱性有关。溶剂酸性越强，酸表现出的强度越弱，碱表现出的强度越强；反之，溶剂碱性越强，酸表现出的强度越强，碱表现出的强度越弱。

③ 溶剂的极性

溶剂的极性强弱用介电常数表示。介电常数的大小表示带相反电荷的质点在溶液中解离所需能量的大小。溶剂的极性越强，其介电常数越大。

溶质溶解在溶剂中,其解离程度受溶剂的极性影响。溶剂的极性越强,介电常数越大,溶质带相反电荷离子间的吸引力越小,则溶质的解离能力越大,表现出的酸或碱的强度就越强。

④ 拉平效应和区分效应

● 拉平效应

根据质子理论,酸 HB 在水、乙醇、乙酸中的解离平衡分别表示如下:

$$HB + H_2O \rightleftharpoons H_3O^+ + B^-$$
$$HB + CH_3CH_2OH \rightleftharpoons CH_3CH_2OH_2^+ + B^-$$
$$HB + CH_3COOH \rightleftharpoons CH_3COOH_2^+ + B^-$$

由于溶剂接受质子的能力不同,它们接受质子的能力大小依次为:$CH_3CH_2OH > H_2O > CH_3COOH$。因此,酸 HB 在上述溶剂中的酸性强弱依次是:$HB(CH_3CH_2OH) > HB(H_2O) > HB(CH_3COOH)$。

同理,$HClO_4$、H_2SO_4、HCl、HNO_3 的酸性强度本身是有差别的,其酸性强度为:$HClO_4 > H_2SO_4 > HCl > HNO_3$。但是在水溶剂中它们全部完全解离:

$$HClO_4 + H_2O \longrightarrow H_3O^+ + ClO_4^-$$
$$H_2SO_4 + 2H_2O \longrightarrow 2H_3O^+ + SO_4^-$$
$$HCl + H_2O \longrightarrow H_3O^+ + Cl^-$$
$$HNO_3 + H_2O \longrightarrow H_3O^+ + NO_3^-$$

由于这四种酸在水溶剂中给出质子的能力都很强,而水的碱性已足够使其充分接受这些酸给出的质子从而转化为 H_3O^+,因此,这些酸的强度在水溶剂中全部被拉平到了 H_3O^+ 的水平,强度没有显示出差别。

这种将各种不同强度的酸拉平到溶剂化质子水平的效应,就是溶剂的拉平效应,这样的溶剂称为拉平溶剂,水溶剂就是 $HClO_4$、H_2SO_4、HCl 和 HNO_3 的拉平溶剂,即通过水溶剂的拉平效应,任何一种酸性比 H_3O^+ 更强的酸都被拉平到了 H_3O^+ 的水平。通常碱性溶剂是酸的拉平溶剂;酸性溶剂是碱的拉平溶剂。

● 区分效应

如果采用 CH_3COOH 作溶剂,H_2SO_4、HCl 和 HNO_3 在 CH_3COOH 中就不是全部解离,而是存在如下解离平衡:

$$H_2SO_4 + 2CH_3COOH \rightleftharpoons 2CH_3COOH_2^+ + SO_4^{2-} \qquad pKa = 8.2$$
$$HCl + CH_3COOH \rightleftharpoons CH_3COOH_2^+ + Cl^- \qquad pKa = 8.8$$
$$HNO_3 + CH_3COOH \rightleftharpoons CH_3COOH_2^+ + NO_3^- \qquad pKa = 9.4$$

根据 pKa 值可以看出,在 CH_3COOH 介质中,这些酸的强度就显示出了不同。这是由于 $CH_3COOH_2^+$ 的酸性比水强,CH_3COOH 的碱性比水弱,在这种情况下,这些酸就不能将其质子全部转移给 CH_3COOH,于是就呈现出了酸碱性的差异。

这种能够区分不同酸或碱的强弱的效应称为区分效应(亦称"分辨效应"),这种溶剂称为分辨溶剂。酸性弱的溶剂对碱起区分效应;碱性弱的溶剂对酸起区分效应。

2. 非水滴定法

众所周知,水具有很大的极性,许多物质都易溶于水,水也是最常用的溶剂,所以滴定分析通常都在水溶液中进行。事实上,以溶剂水为介质进行滴定分析时,会遇到难以准确测定的问题。这些问题主要表现为以下三种情形(以酸碱滴定法为例):

(1) $K_a < 10^{-7}$ 的弱酸或 $K_b < 10^{-7}$ 的弱碱溶液,$cK_a < 10^{-8}$ 的弱酸或 $cK_b < 10^{-8}$ 的弱碱溶液,一般都不能准确滴定;

(2)许多有机酸在水中的溶解度很小,甚至难溶于水,使滴定在水溶液中无法进行;

(3)强酸(或强碱)的混合溶液在水溶液中不能分别进行滴定。

　　非水滴定法:又称非水溶液滴定法,是指在水以外的溶剂中进行滴定的方法。非水滴定法采用了非水溶剂作为滴定反应的介质,利用非水溶剂的特点来改变物质的酸碱相对强度或增大被测组分的溶解度,使滴定得以顺利进行。非水滴定法很好地解决了上述问题,从而扩大了滴定分析法的应用范围。

　　非水滴定法的应用范围:使用非水溶剂,可以增大样品的溶解度,同时可增强其酸碱性,使在水中不能进行完全的滴定反应可顺利进行,对有机弱酸、弱碱可以得到明显的滴定终点突跃。水中只能滴定 pKa(pKa 为解离常数)小于 8 的化合物,而在非水溶液中则可滴定 pKa 小于 13 的物质。因此,此法被广泛应用于有机酸碱的测定中。非水溶液滴定法除有酸碱滴定外,尚有氧化还原滴定、配位滴定及沉淀滴定等。

3. 非水溶液酸碱滴定条件的选择

　　(1) 溶剂的选择

　　在非水溶液酸碱滴定中,溶剂的选择非常重要。在选择溶剂时,主要考虑的是溶剂的酸碱性。所选溶剂必须满足以下条件:

　　① 对试样的溶解度较大,并能提高其酸度或碱度。

　　② 能溶解滴定生成物和过量的滴定剂。

　　③ 溶剂与样品及滴定剂不发生化学反应。

　　④ 有合适的滴定终点判断方法。

　　⑤ 易提纯,挥发性低,易回收,使用安全。

　　在非水溶液滴定中,利用溶剂的拉平效应,可以测定混合酸(碱)总量;利用溶剂的区分效应,能够测定混合酸(碱)中各组分的含量。

　　(2) 滴定剂的选择

　　① 酸性滴定剂

　　在非水介质中滴定碱时,常用乙酸作溶剂,采用 $HClO_4$ 的乙酸溶液作滴定剂。滴定过程中生成的高氯酸盐具有较大的溶解度。高氯酸的乙酸溶液采用含 70% 的高氯酸的水溶液配制,其中的水分采用加入一定量乙酸酐的方法除去。

　　② 碱性滴定剂

　　在非水介质中滴定酸时,常用惰性溶剂,采用醇钠或醇钾作滴定剂。滴定产物易溶于惰性溶剂。碱性非水滴定剂在储存和使用时,必须防止吸收水分和 CO_2。

　　(3) 滴定终点的确定

　　在非水溶液的酸碱滴定中,常用指示剂法和电位法确定滴定终点。酸性溶剂中,常用结晶紫、甲基紫作指示剂;碱性溶剂中,常用百里酚蓝、偶氮紫作指示剂。当溶液本身具有颜色时,常采用电位法判断滴定终点,具体方法是:以玻璃电极为指示电极、饱和甘汞电极为参比电极,通过绘制滴定曲线来确定滴定终点。

4. 两种酸碱滴定法的比较

　　两种酸碱滴定法的比较见表 2-1-1。

表 2-1-1　　两种酸碱滴定法的比较

以水为溶剂的酸碱滴定法	非水溶剂酸碱滴定法
优点:易得、易纯化、价廉、安全 缺点:当酸碱太弱时,无法准确滴定;有机酸碱溶解度小,无法确定;强度接近的多元或混合酸碱无法分步或分别滴定	以非水溶剂为滴定介质,可以增大有机物的溶解度;改变物质的酸碱性;扩大酸碱滴定范围

注意：由于有机溶剂的温度系数一般较大，标定有机溶剂标准溶液时与测定样品时的温差不宜过大，否则应进行温度校正。

【任务实施】

1. 任务准备

（1）试剂

试剂名称	规格	试剂名称	规格	试剂名称	规格
碳酸钙（CaCO₃）	基准试剂	苯甲酸（C₆H₅COOH）	分析纯（A.R）	无水乙醇（C₂H₅OH）	分析纯（A.R）
酚酞	分析纯（A.R）	氢氧化钠（NaOH）	分析纯（A.R）		

（2）仪器

名称	规格	名称	规格	名称	规格
酸式滴定管	25 mL	分析天平	0.0001 g	托盘天平	0.1 g
高温炉		瓷坩埚		锥形瓶	
试剂瓶		干燥器		量筒	
游离氧化钙测定仪		冷凝管		抽滤装置	

（3）试剂与溶液的制备

氢氧化钠-无水乙醇溶液（0.1 mol/L）：将 0.4 g 氢氧化钠（NaOH）溶于 100 mL 无水乙醇中。

乙二醇-无水乙醇溶液（2∶1）：将 1000 mL 乙二醇与 500 mL 无水乙醇混合，加入 0.2 g 酚酞，混匀。用氢氧化钠-无水乙醇溶液（0.1 mol/L）中和至溶液呈微红色。贮存于干燥密封的试剂瓶中，防止吸潮。

（4）标准滴定溶液的制备

苯甲酸-无水乙醇标准滴定溶液（0.1 mol/L）的配制：称取 12.2 g 已在干燥器中干燥 24 h 的苯甲酸（C₆H₅COOH）溶于 1000 mL 无水乙醇中，贮存于带胶塞（装有硅胶干燥管）的玻璃瓶内。

苯甲酸-无水乙醇标准滴定溶液（0.1 mol/L）的标定：取一定质量的碳酸钙（CaCO₃，基准试剂）置于铂（或瓷）坩埚中，在（950±25）℃下灼烧至恒量，从中称取 0.04 g 氧化钙（m_{CaO}），精确至 0.0001 g，置于 250 mL 干燥的锥形瓶中。加入 30 mL 乙二醇-无水乙醇溶液（2+1），放入一根搅拌子，装上冷凝管，置于游离氧化钙测定仪上，以适当的速度搅拌溶液，同时升温并加热煮沸。当冷凝管下的乙醇开始连续滴下时，继续在搅拌条件下加热煮沸 4 min，取下锥形瓶，用预先以无水乙醇润湿过的快速滤纸抽气过滤或预先以无水乙醇洗涤过的玻璃砂芯漏斗抽气过滤，用无水乙醇洗涤锥形瓶和沉淀 3 次，过滤时等上次洗涤液过滤完后再洗涤下次。滤液及洗液收集于 250 mL 干燥的抽滤瓶中，立即用苯甲酸-无水乙醇标准滴定溶液（0.1 mol/L）滴定至溶液微红色消失。

苯甲酸-无水乙醇标准滴定溶液的浓度按式（2-1-1）计算：

$$c_{C_6H_5COOH} = \frac{2 \times m_{CaO} \times 1000}{V_{C_6H_5COOH} \times 56.08} \tag{2-1-1}$$

式中　　$c_{C_6H_5COOH}$——苯甲酸-无水乙醇标准滴定溶液的浓度，mol/L；

m_{CaO}——称量氧化钙（CaO）的质量，g；

$V_{C_6H_5COOH}$——标定时所消耗的苯甲酸-无水乙醇标准滴定溶液的体积，mL；

56.08——氧化钙（CaO）的摩尔质量，g/mol。

苯甲酸-无水乙醇标准滴定溶液对氧化钙(CaO)的滴定度按式(2-1-2)计算:

$$T_{CaO} = \frac{m_{CaO} \times 1000}{V_{C_6H_5COOH}} \tag{2-1-2}$$

式中　　T_{CaO}——苯甲酸-无水乙醇标准滴定溶液对氧化钙(CaO)的滴定度,mg/mL;

　　　　$V_{C_6H_5COOH}$——标定时所消耗的苯甲酸-无水乙醇标准滴定溶液的体积,mL。

(5)分析试样的准备

试样应具有代表性和均匀性。采用四分法或缩分器将试样缩分至约100 g,经80 μm方孔筛筛析,用磁铁吸去筛余物中的金属铁,将筛余物经过研磨后使其全部通过孔径为80 μm的方孔筛,充分混匀,装入试样瓶中,密封保存,供测定用。

2. 实施步骤

称取约0.5 g试样(m_s),精确至0.0001 g,置于250 mL干燥的锥形瓶中。加入30 mL乙二醇-无水乙醇溶液(2+1),放入一根搅拌子,装上冷凝管,置于游离氧化钙测定仪上,以适当的速度搅拌溶液,同时升温并加热煮沸。当冷凝管下的乙醇开始连续滴下时,继续在搅拌条件下加热煮沸4 min,取下锥形瓶,用预先以无水乙醇润湿过的快速滤纸抽气过滤或预先以无水乙醇洗涤过的玻璃砂芯漏斗抽气过滤,用无水乙醇洗涤锥形瓶和沉淀3次,过滤时等上次洗涤液过滤完后再洗涤下次。滤液及洗液收集于250 mL干燥的抽滤瓶中,立即用苯甲酸-无水乙醇标准滴定溶液滴定至溶液微红色消失。

提示:尽可能快速地进行抽气过滤,以防止吸收大气中的CO_2。

3. 数据记录与结果计算

(1)数据记录

	标定次数	1	2	3	4	5	6
标准溶液标定	氧化钙质量(g)						
	消耗的标准溶液体积(mL)						
	标准溶液浓度(mol/L)						
	标准溶液的平均浓度(mol/L)						
	滴定度(mg/mL)						
试样测定	测定次数	1	2	3	4	5	6
	试样质量(g)						
	消耗的标准溶液体积(mL)						
	f-CaO含量						
	平均含量						

(2)结果计算

游离氧化钙(f-CaO)的质量百分数按式(2-1-3)或式(2-1-4)计算:

$$w_{f\text{-}CaO} = \frac{\frac{1}{2} \times c_{C_6H_5COOH} \times V_{C_6H_5COOH} \times 56.08}{m_s \times 1000} \times 100\% \tag{2-1-3}$$

$$w_{f\text{-}CaO} = \frac{T_{CaO} \times V_{C_6H_5COOH}}{m_s \times 1000} \times 100\% \tag{2-1-4}$$

式中　　$w_{f\text{-}CaO}$——f-CaO的质量百分数,%;

$c_{\mathrm{C_6H_5COOH}}$——苯甲酸-无水乙醇标准滴定溶液的浓度,mol/L;

$V_{\mathrm{C_6H_5COOH}}$——测定时所消耗的苯甲酸-无水乙醇标准滴定溶液的体积,mL;

m_s——试样的质量,g;

56.08——氧化钙(CaO)的摩尔质量,g/mol;

T_{CaO}——苯甲酸-无水乙醇标准滴定溶液对氧化钙的滴定度,mg/mL。

【任务小结】

采用乙二醇法测定 f-CaO 含量时需注意以下问题:

(1) 分析试样的细度应小于 0.080 mm。

(2) 水泥熟料矿物遇水后能发生水化反应,生成 $Ca(OH)_2$,给 f-CaO 含量的测定带来误差。因此,f-CaO 含量的测定是非水溶液操作,要求所用试剂应无水,使用完毕应密封保存,容器应干燥。

(3) 所用无水乙醇的浓度(体积分数)应不低于 99.5%,达不到要求时需蒸馏使用。用过的废液可重新蒸馏使用,但必须注意安全。蒸馏时,收集馏出液的温度不得超过 80 ℃。

(4) 基准试剂碳酸钙($CaCO_3$)灼烧成氧化钙(CaO)时,必须在(950 ± 25) ℃下灼烧至恒量后方可使用。一次用不完下次再用时,也需在(950 ± 25) ℃下灼烧后使用,放置时间不宜过久。

(5) 配好的乙二醇-无水乙醇溶液放置一段时间后红色会消失,使用时,需用氢氧化钠-无水乙醇溶液(0.1 mol/L)中和至溶液呈微红色,使其呈弱碱性。

(6) 测定时搅拌加热应严格按规定进行,搅拌速度、加热时间及加热温度尽可能与标定苯甲酸-无水乙醇标准滴定溶液时一致,以减少系统误差。

(7) 发现冷凝管较热时,根据发热的程度酌情更换另一只冷凝管或设法冷却。

【任务拓展】

1. 乙二醇快速法测定 f-CaO 含量

(1) 方法提要

游离氧化钙(f-CaO)与乙二醇在无水乙醇溶液中,在 100~110 ℃条件下,可于 4 min 内定量反应生成弱碱性的乙二醇钙,使酚酞指示剂呈现红色,然后用苯甲酸-无水乙醇标准滴定溶液滴定至红色消失。根据苯甲酸-无水乙醇标准滴定溶液的消耗量即可求出 f-CaO 的含量。本方法借助于专门设计的游离氧化钙测定仪(见图 2-1-1),边加热边搅拌,可达到快速、准确测定的目的,同时该测试仪器还配有冷却水循环系统及定时系统。

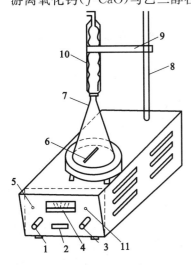

图 2-1-1　游离氧化钙测定仪示意图

1—调速钮;2—电源开关;3—调温钮;4—电压表;
5—调速指示;6—搅拌子;7—锥形瓶;8—支柱;
9—冷凝管夹子;10—冷凝管;11—调温指示

(2) 测定步骤

称取约 0.5 g 试样(视试样中 f-CaO 的含量而定),精确到 0.0001 g,置于 250 mL 干燥的锥形瓶中。加入 15~20 mL 乙二醇-无水乙醇溶液(2+1),摇动锥形瓶使试样分散,放入一根搅拌子,装上回流冷凝管,置于游离氧化钙测定仪上。接通循环泵电源,使其工作,开启仪器后面的总电源开关,指示灯亮。先以较低转速搅拌溶液,同时升温,电压表指针在 220 V 左右的位置上。当冷凝管回流液开始滴下时,开始计时,降温,电压表指在 150 V 左右,稍增大转速。计时到达 4 min 时,萃取完毕,取下锥形瓶,先用无水乙醇吹洗锥形瓶一遍,然后立即以苯甲酸-无水乙醇标准滴定溶液(0.1 mol/L)滴定至红色消失。关闭仪器总电源开关。

提示:苯甲酸-无水乙醇标准滴定溶液(0.1 mol/L)的制备方法可参考乙二醇法,但标定方法应与乙二醇快速法一致,不得直接使用乙二醇法标定的浓度。

(3)结果计算

用乙二醇快速法测得的 f-CaO 的质量百分数的计算与乙二醇法相同[式(2-1-3)或式(2-1-4)]。

2. 甘油酒精法测定 f-CaO 含量

(1)方法提要

在加热搅拌条件下,以硝酸锶为催化剂,使试样中的 f-CaO 与甘油作用生成弱碱性的甘油钙,以酚酞作指示剂,用苯甲酸-无水乙醇标准滴定溶液滴定。

(2)测定步骤

称取约 0.5 g 试样(m),精确到 0.0001 g,置于 250 mL 干燥的锥形瓶中。加入 30 mL 甘油-无水乙醇溶液(1+2),加入约 1 g 硝酸锶[$Sr(NO_3)_2$],放入一根搅拌子,装上回流冷凝管,置于游离氧化钙测定仪上。以适当的速度搅拌溶液,同时升温并加热煮沸,在搅拌条件下微沸 10 min,取下锥形瓶,立即以苯甲酸-无水乙醇标准滴定溶液(0.1 mol/L)滴定至红色消失。再将冷凝管装上,继续在搅拌条件下加热煮沸至红色出现,再取下滴定。如此反复操作,直至在加热 10 min 后不再出现红色为止。

提示:苯甲酸-无水乙醇标准滴定溶液(0.1 mol/L)的制备方法可参考乙二醇法,但标定方法应与甘油酒精法一致,不得直接使用乙二醇法标定的浓度。

(3)结果计算

用甘油酒精法测得的 f-CaO 的质量百分数的计算与乙二醇法相同[式(2-1-3)或式(2-1-4)]。

【任务思考】

(1)水泥熟料中 f-CaO 含量偏高的原因主要有哪些?

(2)测定熟料中 f-CaO 的含量时,为什么需在无水介质中进行?

(3)采用不同方法测定熟料中 f-CaO 的含量时,苯甲酸-无水乙醇标准滴定溶液的标定为何须与测定方法一致?

(4)标定苯甲酸-无水乙醇标准滴定溶液时,为什么不能直接使用氧化钙,而是通过灼烧碳酸钙生成氧化钙?

任务 2　水泥中 Cl^- 含量的测定
（硫氰酸铵滴定法）

【任务描述】

根据国家标准《水泥化学分析方法》(GB/T 176—2008)中规定的氯离子(Cl^-)含量的测定方法，利用硫氰酸铵滴定法完成水泥中 Cl^- 含量的测定。通过本任务的训练，使学生理解硫氰酸铵滴定法测定水泥中 Cl^- 含量的基本原理，能够熟练进行定量分析的基本操作，为后续开展物料全分析奠定基础。

【任务解析】

1. 测定意义

在一般的水泥及其原料中，氯化物的含量均比较低，通常不进行测定。近年来，随着我国水泥工业的不断发展，尤其是水泥煅烧窑外分解技术的研究与应用，对水泥、水泥生料、水泥熟料及水泥原料中的氯含量提出了严格的要求(原、燃料中氯含量不得高于 0.02%，水泥中氯含量不得高于 0.06%)。另外，在混凝土的施工过程中，有时会加入少量氯化物作为促凝剂或早强剂。因此，对氯含量的测定成为水泥化学分析中的一项内容。

对 Cl^- 含量的测定，常采用的方法有：莫尔法、硫氰酸盐滴定法、快速蒸馏-汞盐滴定法及电位滴定法等。本任务采用硫氰酸盐滴定法。

2. 方法提要

试样用硝酸进行分解，同时消除硫化物的干扰。加入已知量的硝酸银标准溶液使氯离子以氯化银的形式沉淀。煮沸、过滤后，将滤液和洗涤液冷却至 25 ℃以下，以铁(Ⅲ)盐为指示剂，用硫酸氰铵标准滴定溶液滴定过量的硝酸银，根据硝酸银标准溶液的加入量和硫酸氰铵标准滴定溶液的消耗量，即可求出试样中 Cl^- 的含量。反应如下：

$$Cl^- + Ag^+ \rightleftharpoons AgCl\downarrow$$
$$（过量）\quad（白色）$$
$$SCN^- + Ag^+ \rightleftharpoons Ag(SCN)\downarrow$$
$$（剩余）\quad（白色）$$
$$3SCN^- + Fe^{3+} \rightleftharpoons Fe(SCN)_3$$
$$（红色）$$

本方法测得的为除氟以外的卤素总含量，以氯离子(Cl^-)含量表示结果。

【相关知识】

沉淀滴定法是以沉淀反应为基础的滴定分析方法。在沉淀滴定法中，相应的滴定反应需满足以下要求：

(1) 沉淀的溶解度要小；
(2) 沉淀的组成恒定，不易形成过饱和溶液；
(3) 有合适的指示剂确定滴定终点；

（4）沉淀表面吸附现象少。

事实上，尽管形成沉淀的反应很多，但是能够用于滴定分析的却很少。其原因主要是，相当多的沉淀反应都不能完全符合滴定分析对化学反应的基本要求，因而无法用于滴定分析。在实际分析测试工作中，应用最多的是银量法，即以生成银盐沉淀的反应为基础的沉淀滴定法。

银量法的滴定反应可表示为：

$$Ag^+ + X^- \rightleftharpoons AgX \downarrow$$

这里 X^- 可以是 Cl^-、Br^-、I^- 或 SCN^- 等阴离子。因此，本任务主要讨论银量法。

根据所采用的指示剂不同，并按照其创立者命名，银量法又分为莫尔（F. Mohr）法、佛尔哈德（J. Volhard）法和法扬斯（K. Fajans）法。

1. 莫尔法

（1）基本原理

以 K_2CrO_4 作指示剂的银量法称为莫尔法。它主要是以 $AgNO_3$ 标准溶液滴定 Cl^-。

在含有 Cl^- 的中性溶液中，以 K_2CrO_4 作指示剂，用 $AgNO_3$ 标准溶液滴定。由于 AgCl 的溶解度比 Ag_2CrO_4 小，根据分步沉淀原理，溶液中首先析出 AgCl 沉淀（$K_{sp} = 1.8 \times 10^{-10}$）而非 Ag_2CrO_4 沉淀（$K_{sp} = 2.0 \times 10^{-12}$）。

因此，采用莫尔法滴定 Cl^- 时，首先发生滴定反应：

$$Ag^+ + Cl^- \rightleftharpoons AgCl \downarrow$$
$$（白色）$$

到达化学计量点时，Cl^- 已被全部滴定完毕，稍过量的 Ag^+ 就会与 CrO_4^{2-} 生成砖红色 Ag_2CrO_4 沉淀，从而指示终点。滴定终点反应为：

$$2Ag^+ + CrO_4^{2-} \rightleftharpoons Ag_2CrO_4 \downarrow$$
$$（砖红色）$$

（2）滴定条件

适宜的指示剂用量和溶液酸度是使用莫尔法获得准确结果的关键。

① 指示剂的用量

若指示剂 K_2CrO_4 的浓度过高，终点滴定将过早出现，且会因溶液颜色过深而影响滴定终点的观察；若 K_2CrO_4 的浓度过低，滴定终点将推迟出现，也会影响滴定的准确度。实验证明，应控制 K_2CrO_4 的浓度在 5.0×10^{-3} mol/L 为宜。

② 溶液的酸度

应用莫尔法时应当在中性或弱碱性介质中进行。因为在酸性介质中，CrO_4^{2-} 将转化为 $Cr_2O_7^{2-}$，反应如下：

$$2CrO_4^{2-} + 2H^+ \rightleftharpoons Cr_2O_7^{2-} + H_2O$$

这样就相当于降低了溶液中 CrO_4^{2-} 的浓度，导致滴定终点拖后，甚至难以出现滴定终点。但如果溶液的碱性太强，则有 Ag_2O 沉淀析出，反应如下：

$$2Ag^+ + 2OH^- \rightleftharpoons Ag_2O \downarrow + H_2O$$

因此，应用莫尔法的适宜 pH 值范围是 6.5～10.5。

若试液中有铵盐存在，由于 pH 值较大时会有相当数量的 NH_3 生成，它与 Ag^+ 生成银氨配离子，致使 AgCl 和 Ag_2CrO_4 沉淀的溶解度增大，测定的准确度降低。实验证明，控制溶液的 pH 值在 6.5～7.2 范围内，可得到令人满意的滴定结果。

2. 佛尔哈德法

（1）基本原理

用铁铵矾 $NH_4Fe(SO_4)_2 \cdot 12H_2O$ 作指示剂的银量法称为佛尔哈德法。在直接滴定法中，它是以 NH_4SCN 标准滴定溶液滴定 Ag^+，滴定反应为：

$$SCN^- + Ag^+ \Longrightarrow AgSCN \downarrow$$

化学计量点时，Ag^+ 已被全部滴定完毕，稍过量的 SCN^- 就将与指示剂 Fe^{3+} 生成血红色配合物，从而指示滴定终点。

$$SCN^- + Fe^{3+} \Longrightarrow FeSCN^{2+}$$
$$（血红色）$$

（2）滴定条件

适宜的溶液酸度是采用佛尔哈德法获得准确结果的关键。

佛尔哈德法的最大优点是滴定在酸性介质中进行，一般酸度大于 0.3 mol/L。在此酸度下，许多弱酸根离子，如 PO_4^{3-}、AsO_4^{3-}、CrO_4^{2-}、$C_2O_4^{2-}$、CO_3^{2-} 等都不干扰滴定，因而该方法的选择性高。但一些强氧化剂、氮的低价氧化物以及铜盐、汞盐等能与 SCN^- 起反应，干扰测定，必须预先除去。

在应用 SCN^- 滴定 Ag^+ 时，由于生成的 AgSCN 沉淀对溶液中过量的构晶离子 Ag^+ 具有强烈的吸附作用，使得 Ag^+ 的表观浓度降低，这样就有可能会造成滴定终点提前，导致结果偏低。因此，在滴定时必须剧烈摇动，使得被 AgSCN 沉淀吸附的 Ag^+ 能够及时释放出来。

（3）方法应用

① 直接滴定法

在硝酸介质中，以铁铵矾作指示剂，用 NH_4SCN 标准滴定溶液直接滴定含 Ag^+ 的溶液。在滴定过程中，白色沉淀 AgSCN 首先析出，滴定至化学计量点时，稍过量的 SCN^- 与 Fe^{3+} 生成血红色的配合物 $FeSCN^{2+}$，从而指示滴定终点的到达。其反应为：

$$Ag^+ + SCN^- \Longrightarrow AgSCN \downarrow$$
$$（白色）$$
$$Fe^{3+} + SCN^- \Longrightarrow FeSCN^{2+}$$
$$（血红色）$$

应该指出，在以铁铵矾作指示剂，用 NH_4SCN 标准滴定溶液滴定的过程中，由于产生的 AgSCN 沉淀易吸附溶液中的 Ag^+，导致 Ag^+ 浓度降低，使滴定终点提前，因此在滴定过程中必须剧烈振荡，以减小误差。

② 间接滴定法

对于佛尔哈德法来说，其真正广泛应用的并不是直接以滴定方式测定 Ag^+，而是以返滴定方式测定卤离子。

用返滴定法测定卤离子的原理：在含有卤离子的酸性介质（HNO_3）中，先加入定量且过量的 $AgNO_3$ 标准溶液，使得溶液中的卤离子都反应生成卤化银沉淀。然后再加入铁铵矾，以 NH_4SCN 标准滴定溶液返滴定过量的 $AgNO_3$ 标准溶液。根据所加入的 $AgNO_3$ 溶液的总量和所消耗的 NH_4SCN 溶液的量即可求得卤离子的含量。

由于滴定在 HNO_3 介质中进行，因此本方法的选择性较高。但是，由于 AgCl 的溶解度比 AgSCN 大，故到达滴定终点后，过量的 SCN^- 将与 AgCl 发生置换反应，使 AgCl 沉淀转化为溶解度更小的 AgSCN，其反应为：

$$AgCl \downarrow + SCN^- \Longrightarrow AgSCN \downarrow + Cl^-$$

所以，当溶液中出现红色之后，随着不断地摇动溶液，红色又逐渐消失，这将会导致滴定终点拖后，甚至得不到稳定终点。

为了避免上述情况发生,通常采取下述措施:

● 将溶液煮沸,过滤除去 AgCl 沉淀

其目的是使 AgCl 沉淀凝聚,以减少 AgCl 沉淀对 Ag^+ 的吸附,滤去 AgCl 沉淀,并用稀 HNO_3 洗涤沉淀,洗涤液并入滤液中,然后用 NH_4SCN 标准滴定溶液返滴滤液中过量的 Ag^+。

● 加入有机溶剂

在滴定前先加入硝基苯,使 AgCl 进入硝基苯层而与滴定溶液隔离。也可以加入邻苯二甲酸二丁酯或 1,2—二氯乙烷来减小误差。用力摇动,使 AgCl 沉淀表面覆盖一层有机溶剂,避免沉淀与溶液接触,这就阻止了 SCN^- 与 AgCl 发生转化反应。此法比较简便。

注意:硝基苯污染环境!

用返滴定法测定溴化物或碘化物时,由于 AgBr 及 AgI 的溶解度均比 AgSCN 小,不发生上述转化反应。但在测定碘化物时,指示剂必须在加入过量的 $AgNO_3$ 溶液后才能加入,否则 Fe^{3+} 会将 I^- 氧化为 I_2,影响分析结果的准确度。其反应为:

$$2Fe^{3+} + 2I^- \Longleftrightarrow 2Fe^{2+} + I_2$$

此外,有机卤化物中的卤素可采用佛尔哈德返滴定法测定。一些重金属硫化物也可以用佛尔哈德法测定,即在硫化物沉淀的悬浮液中加入定量且过量的 $AgNO_3$ 标准溶液,发生沉淀转化反应。例如:

$$CdS + 2Ag^+ \Longleftrightarrow Ag_2S + Cd^{2+}$$

将沉淀过滤后,再用 NH_4SCN 标准滴定溶液返滴定过量的 Ag^+。从反应的化学计量关系计算该金属硫化物的含量。

3. 法扬斯法

(1) 基本原理

用吸附指示剂指示滴定终点的银量法,称为法扬斯法。

吸附指示剂一般分为两类:一类是酸性染料,如荧光黄及其衍生物,它们是有机弱酸,解离出指示剂阴离子;另一类是碱性染料,如甲基紫、罗丹明 6G 等,解离出指示剂阳离子。

例如荧光黄,它是一种有机弱酸(用 HFL 表示),在溶液中可解离为荧光黄阴离子 FL^-,呈黄绿色。用荧光黄作为 $AgNO_3$ 溶液滴定 Cl^- 的指示剂时,在化学计量点以前,溶液中 Cl^- 过量,AgCl 胶粒带负电荷,FL^- 也带负电荷,不被吸附。当达到化学计量点后,AgCl 胶粒带正电荷,会强烈地吸附 FL^-,使沉淀表面呈淡红色,从而指示滴定终点。

如果使用 NaCl 溶液滴定 Ag^+,颜色的变化恰好相反。

(2) 滴定条件

① 应尽量使沉淀成为小颗粒沉淀

由于颜色变化发生在沉淀的表面,因此应尽量使沉淀的比表面积大一些,即沉淀的颗粒要小一些。通常加入糊精作为保护胶体,防止 AgCl 沉淀过分凝聚。

② 应控制适当的酸碱度

各种吸附指示剂的特性差别很大,对滴定条件特别是酸度的要求有所不同,适用范围也不相同。例如荧光黄的 $K_a \approx 10^{-7}$,因此当溶液的 pH 值小于 7 时,荧光黄将大部分以 HFL 形式存在,它不被卤化银沉淀所吸附,也无法指示滴定终点。所以用荧光黄作指示剂时,溶液的 pH 值应为 7~10。二氯荧光黄的 $K_a \approx 10^{-4}$,适应的范围就大一些,溶液的 pH 值可为 4~10。曙红(四溴荧光黄)的 $K_a \approx 10^{-2}$,酸性更强,溶液的 pH 值小至 2 时,它仍可以指示滴定终点。

③ 滴定中应避免强光照射

卤化银沉淀对光敏感,易分解析出金属银使沉淀变为灰黑色,影响滴定终点的观察。

④ 指示剂的吸附能力要适当

指示剂的吸附能力过大或过小都不好。例如曙红,它虽然是滴定 Br^-、I^-、SCN^- 的良好指示剂,但不适用于滴定 Cl^-,因为 Cl^- 的吸附性能较差,在化学计量点前,就有一部分指示剂的阴离子取代 Cl^- 而进入到吸附层中,以致无法指示滴定终点。当然,指示剂的性能如何,最好根据实验结果来确定。卤化银对卤化物和几种吸附指示剂的吸附能力的大小顺序如下:

$$I^- > SCN^- > Br^- > 曙红 > Cl^- > 荧光黄$$

表 2-2-1 列出了一些常见的吸附指示剂的应用。

表 2-2-1　一些常见吸附指示剂及其应用

指示剂	被测定离子	滴定剂	滴定条件
荧光黄	Cl^-	Ag^+	pH＝7～8
二氯荧光黄	Cl^-	Ag^+	pH＝4～8
曙红	Br^-、I^-、SCN^-	Ag^+	pH＝2～8
溴甲酚绿	SCN^-	Ag^+	pH＝4～5
甲基紫	Ag^+	Cl^-	酸性溶液

【任务实施】

1. 任务准备

（1）试剂

试剂名称	规格	试剂名称	规格
硝酸（HNO_3）	分析纯（A. R）	硝酸银（$AgNO_3$）	分析纯（A. R）
硫酸铁铵 [$NH_4Fe(SO_4)_2 \cdot 12H_2O$]	分析纯（A. R）	硫氰酸铵 （NH_4SCN）	分析纯（A. R）

（2）仪器

名称	规格	名称	规格	名称	规格
滴定管	25 mL	移液管	5 mL	分析天平	0.0001 g
烧杯	300 mL	托盘天平	0.1 g	砂芯漏斗	
抽滤装置		试剂瓶		量筒	
电炉		容量瓶	1000 mL		

（3）试剂与溶液的制备

HNO_3（1＋2）:将 1 份体积浓硝酸与 2 份体积水混合。

HNO_3（1＋100）:将 1 份体积浓硝酸与 100 份体积水混合。

硫酸铁铵指示剂溶液:将 10 mL 硝酸（1＋2）加入到 100 mL 冷的硫酸铁（Ⅲ）铵[$NH_4Fe(SO_4)_2$ $\cdot 12H_2O$]饱和水溶液中。

（4）标准滴定溶液的制备

① 硝酸银（$AgNO_3$）标准滴定溶液（0.05 mol/L）的配制

硝酸银（$AgNO_3$）标准滴定溶液可采用直接配制法制备,具体方法如下:称取 8.4940 g 已于 (150 ± 5) ℃下烘过 2 h 的硝酸银（$AgNO_3$）,精确至 0.0001 g,加水溶解后,移入 1000 mL 容量瓶中,

加水稀释至标线,摇匀,贮存于棕色瓶中,避光保存。硝酸银标准溶液的浓度为:

$$c_{AgNO_3}=\frac{m_{AgNO_3}}{M_{AgNO_3}\times V}=\frac{8.4940}{169.87\times 1}=0.05 \text{ mol/L}$$

该标准滴定溶液相对氯离子(Cl^-)的滴定度为:

$$T_{Cl^-}=c_{AgNO_3}\times M_{Cl^-}=0.05\times 35.4527=1.773 \text{ mg/mL}$$

② 硫氰酸铵(NH_4SCN)标准滴定溶液(0.05 mol/L)的配制

称取 3.8 g 硫氰酸铵(NH_4SCN)溶于水,稀释至 1 L。其准确浓度根据实施步骤中空白实验消耗的体积确定。

(5) 分析试样的制备

试样应具有代表性和均匀性。采用四分法或缩分器将试样缩分至约 100 g,经 80 μm 方孔筛筛析,用磁铁吸去筛余物中的金属铁,将筛余物经过研磨后使其全部通过孔径为 80 μm 的方孔筛,充分混匀,装入试样瓶中,密封保存,供测定用。

2. 实施步骤

称取约 5 g 试样(m_s),精确至 0.0001 g,置于 300 mL 烧杯中,加入 50 mL 水,搅拌使试样完全分散,在搅拌条件下加入 50 mL 硝酸(1+2),加热煮沸,在搅拌条件下微沸 1~2 min。准确移取 5 mL 硝酸银标准溶液放入溶液中,煮沸 1~2 min,加入少许滤纸浆,用预先以硝酸(1+100)洗涤过的慢速滤纸抽气过滤或玻璃砂芯漏斗抽气过滤,滤液收集于 250 mL 锥形瓶中,用硝酸(1+100)洗涤烧杯、玻璃棒和滤纸,直至滤液和洗液总体积达到约 200 mL。溶液在弱光线或暗处冷却至 25 ℃以下。

加入 5 mL 硫酸铁铵指示剂溶液,用硫氰酸铵标准滴定溶液滴定至溶液产生的红棕色在摇动下不消失为止。记录滴定所用的硫氰酸铵标准滴定溶液的体积 V_1。如果 $V_1<0.5$ mL,用减少一半的试样质量重新做实验。

不加入试样按上述步骤进行空白实验,记录空白滴定所用硫氰酸铵标准滴定溶液的体积 V_0。

3. 数据记录与结果计算

(1) 数据记录

标准溶液制备	硝酸银质量:＿＿＿＿ g　　　　定容体积:＿＿＿＿ mL					
	c_{AgNO_3}:＿＿＿＿ mol/L　　　滴定度 T_{Cl^-}:＿＿＿＿ mg/mL					

空白试验	实验次数	1	2	3	4	5	6
	加入硝酸银体积(mL)						
	消耗硫氰酸铵体积(mL)						
	平均体积(mL)						

试样测定	测定次数	1	2	3	4	5	6
	试样质量(g)						
	消耗硫氰酸铵体积(mL)						
	Cl^- 含量						
	平均含量						

（2）结果计算

氯离子（Cl⁻）的质量百分数按式（2-2-1）计算：

$$w_{Cl^-} = \frac{1.773 \times 5.00 \times (V_1 - V_0)}{V_1 \times m_s \times 1000} \times 100\% \qquad (2\text{-}2\text{-}1)$$

式中　　w_{Cl^-}——Cl⁻ 的质量百分数，%；

　　　　V_1——滴定时所消耗的硫氰酸铵标准滴定溶液的体积，mL；

　　　　V_0——空白实验滴定时所消耗的硫氰酸铵标准滴定溶液的体积，mL；

　　　　m_s——试料的质量，g；

　　　　1.773——硝酸银标准溶液对氯离子的滴定度，mg/mL。

【任务小结】

（1）采用硫氰酸铵滴定法测定 Cl⁻ 的含量应在硝酸介质中进行，这样可以消除硫化物的影响，同时溶液中许多弱酸的阴离子，如磷酸根离子（PO_4^{3-}）、铬酸根离子（CrO_4^{2-}）和砷酸根离子（AsO_3^{3-}）等均不能与银离子（Ag^+）生成沉淀，提高了测定的选择性。

（2）滴定时溶液的酸度应控制在 0.2～0.5 mol/L 之间。酸度过低，会导致作为指示剂的 Fe^{3+} 水解生成红色 $Fe(OH)_3$ 沉淀，同时，银离子（Ag^+）在碱性溶液中亦会生成氧化银沉淀（Ag_2O），影响滴定结果。

（3）在滴定过程中，不断有 AgSCN 沉淀析出，由于沉淀有较强的吸附作用，因此部分 Ag^+ 会被吸附在沉淀表面，这种情况往往会导致滴定终点提前，使结果偏低。所以在滴定时，应充分摇动溶液，将被吸附的 Ag^+ 及时释放出来。

（4）滴定前应预先过滤除去氯化银（AgCl）沉淀，否则在化学计量点后，稍过量的硫氰酸根离子（SCN⁻）一方面与 Fe^{3+} 生成 $Fe(SCN)^{2+}$ 红色配离子，另一方面还能将氯化银沉淀转化为溶解度更小的 AgSCN 沉淀，在剧烈摇荡下，使 $Fe(SCN)^{2+}$ 与氯化银沉淀之间发生置换反应，导致滴定终点拖后，甚至得不到稳定滴定终点。

【任务拓展】

磷酸蒸馏-汞盐滴定法测定 Cl⁻ 含量

（1）方法提要

采用规定的蒸馏装置在 250～260 ℃ 温度梯度下，以磷酸和过氧化氢分解试样，以净化空气作载体，蒸馏分离 Cl⁻。用稀硝酸（0.5 mol/L）作吸收液。在 pH 值为 3.5 左右，以二苯偶氮碳酰肼为指示剂，用硝酸汞标准滴定溶液进行滴定。

（2）测定步骤

向 50 mL 锥形瓶中加入约 3 mL 水及 5 滴硝酸（0.5 mol/L），放在冷凝管下端用以承接蒸馏液，冷凝管下端的硅胶管插入锥形瓶的溶液中。

准确称取 0.20～0.30 g（视 Cl⁻ 含量而定）试样（m_s），精确到 0.0001 g，置于干燥的石英蒸馏管中（注意：勿使试料黏附于管壁）。加入 5～6 滴 H_2O_2 溶液（30%），摇动使试样完全分散后加入 5 mL 磷酸，立即塞上带有导管的磨口塞，摇动，待试料分解产生二氧化碳气体并大部分逸出后，将蒸馏管置于温度为 250～260 ℃ 的蒸馏装置炉膛内，迅速连接好蒸馏管的进出口部分（先连出气管，后连进气管），盖上炉盖。

打开气泵开关，调节气体流量计，控制气体流速为 100～200 mL/min（蒸馏液应产生气泡）。蒸馏 10～15 min，关闭气泵，拆下连接管，取出蒸馏管，将其置于试管架中。

用乙醇(95%)冲洗冷凝管及其下端,洗液收集于锥形瓶内(使乙醇体积达总体积的 75%左右,乙醇用量约为 15 mL),由冷凝管下部取出承接蒸馏液的锥形瓶,向蒸馏液中加入 1~2 滴溴酚蓝指示剂(2 g/L),用氢氧化钠溶液(0.5 mol/L)调节至溶液呈蓝色,然后用硝酸(0.5 mol/L)调节至溶液刚好变黄,再过量 1 滴,加入10 滴二苯偶氮碳酰肼指示剂(10 g/L),用硝酸汞标准滴定溶液(0.001 mol/L)滴定至紫红色出现,记录滴定所消耗的硝酸汞标准滴定溶液的体积(V_1)。

不加试样按上述步骤进行空白实验,记录空白滴定所用硝酸汞标准滴定溶液的体积(V_0)。

提示:当试样中 Cl^- 含量较高(0.2%~1.0%)时,蒸馏时间应适当延长(15~20 min),同时增大滴定用硝酸汞标准滴定溶液的浓度(0.005 mol/L)。

(3)结果计算

Cl^- 的质量百分数可按式(2-2-2)计算:

$$w_{Cl^-} = \frac{T_{Cl^-} \times (V_1 - V_0)}{m_s \times 1000} \times 100\% \qquad (2\text{-}2\text{-}2)$$

式中　T_{Cl^-}——硝酸汞标准滴定溶液相对于氯离子的滴定度,mg/mL;

V_0——空白实验所消耗的硝酸汞标准滴定溶液的体积,mL;

V_1——滴定时所消耗的硝酸汞标准滴定溶液的体积,mL;

m_s——试料的质量,g。

任务 3 石灰石中 Fe_2O_3 含量的测定

（邻菲罗啉分光光度法）

【任务描述】

根据国家标准《建材用石灰石、生石灰和熟石灰化学分析方法》(GB/T 5762—2012)中规定的三氧化二铁(Fe_2O_3)含量的测定方法,利用邻菲罗啉分光光度法完成石灰石中 Fe_2O_3 含量的测定。通过本任务的训练,使学生理解邻菲罗啉分光光度法测定 Fe_2O_3 含量的基本原理,掌握利用工作曲线法进行定量分析的基础理论,能够熟练制备标准系列溶液,规范操作紫外可见分光光度计测定溶液的吸光度,并绘制工作曲线。

【任务解析】

作为生产硅酸盐水泥的主要原料,石灰石质原料在水泥生料中的配比约占 80%,所以石灰石的质量控制尤为重要。石灰石是分布最为广泛的石灰石质原料,其主要成分为 $CaCO_3$,品位高低主要由 CaO 含量决定。用于水泥生产的石灰石,其 CaO 含量并不是越高越好,还要看它的酸性氧化物含量,如 SiO_2、Al_2O_3、Fe_2O_3 等是否满足配料要求。

测定试样中 Fe_2O_3 含量的方法主要有:EDTA 配位滴定法、$K_2Cr_2O_7$ 氧化还原法、邻菲罗啉分光光度法、原子吸收分光光度法等。国家标准《建材用石灰石、生石灰和熟石灰化学分析方法》(GB/T 5762—2012)提供了三种 Fe_2O_3 含量的测定方法,分别为邻二氮菲分光光度法(基准法)、原子吸收分光光度法(代用法)、EDTA 配位滴定法(代用法)。本任务采用邻二氮菲分光光度法(也称邻菲罗啉分光光度法)进行,该方法的基本原理如下:

在酸性溶液中,加入抗坏血酸溶液,使三价铁离子还原为二价铁离子,在 pH 值为 1.5～9.5 的条件下,亚铁离子与邻菲罗啉生成红色配合物,于波长 510 nm 处测定溶液的吸光度,利用工作曲线法求出试样中 Fe_2O_3 的含量。其反应如下:

【相关知识】

1. 紫外-可见分光光度法

紫外-可见分光光度法是在紫外-可见光谱区内(200～800 nm),通过测量物质分子或离子吸收光辐射的大小来测定物质含量的一种分析方法。

该方法具有如下特点:

● **灵敏度高** 适于微量组分的测定,可测定质量分数为(1×10^{-4})%～(1×10^{-3})%的微量组分。

● **准确度适当** 测量相对误差一般在 2%～5% 之间,虽不及重量分析法及滴定分析法准确,但完全能满足对微量组分测定的要求。

●**操作简便,测定快速**　仪器设备相对比较简单,操作简便,将样品处理为溶液后,通常只经过显色和测定吸光度就可得到结果。

●**应用范围广**　既可用于定性分析,又可用于定量分析;既能够测定无机物,又能够测定有机物;既常用于微量组分分析,也可用于常量组分分析。

(1) 物质对光的选择性吸收——吸收曲线

光具有波粒二象性,不同波长的光具有不同的能量。具有单一波长的光称为单色光,而由多种波长的光组成的光称为复合光,我们日常所熟悉的日光、白炽灯光等白光都是复合光。人的眼睛对不同波长的光的感觉是不同的,凡能被肉眼感觉到的光称为可见光,其波长范围为 400~780 nm。波长小于 400 nm 的紫外光和波长大于 780 nm 的红外光,人的眼睛均感觉不到。在可见光范围内,不同波长的光刺激眼睛后会产生不同的颜色感觉。光的波长范围与颜色的关系大致如表 2-3-1 所示。

表 2-3-1　可见光的波长范围与颜色的关系

波长(nm)	400~435	435~480	480~490	490~500	500~560	560~595	595~605	605~700
颜色	紫	蓝	青蓝	青	绿	黄	橙	红

我们日常所见的白光是由这些波长不同的单色光混合而成的。如果把适当颜色的两种单色光按一定强度比例混合,也可得到白光,这两种颜色的光称为互补色光。

单色光的互补关系如图 2-3-1 所示,图中处于直线关系的两种颜色的光即为互补色光。

物质的颜色是物质对光的选择性吸收的结果。当自然光(白光)照射到某物质上,若各种色光均未被吸收,则物质为白色;若各种色光都被吸收,则物质为黑色;若物质只选择性地吸收其中某种颜色的光,则呈现的颜色为吸收光颜色的互补色。溶液的颜色也是由于溶液中质点(分子或离子)选择性地吸收某种颜色的光所引起的。物质颜色与吸收光颜色的互补关系如表 2-3-2 所示。

图 2-3-1　光的互补关系示意图

表 2-3-2　物质的颜色与吸收光颜色的互补关系

物质的颜色	吸　收　光	
	颜色	波长(nm)
绿黄	紫	400~435
黄	蓝	435~480
橙	青蓝	480~490
红	青	490~500
红紫	绿	500~560
紫	黄绿	560~580
蓝	黄	580~595
青蓝	橙	595~605
青	红	605~750

为了更清楚地了解物质对各种波长的光的选择性吸收情况,可以将不同波长的光依次通过某一固定浓度和厚度的有色溶液,分别测量溶液对各种波长光的吸光度(以 A 表示),以波长为横坐标,吸光度为纵坐标作图,得到的 A-λ 关系曲线称为"吸收曲线"。

图 2-3-2 所示为四种浓度不同的 $KMnO_4$ 溶液的吸收曲线。由图 2-3-2 可见:

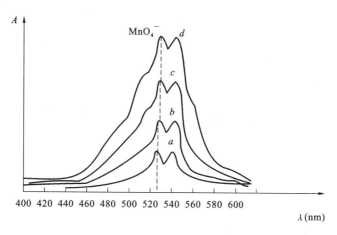

图 2-3-2 KMnO₄ 溶液的吸收曲线

(浓度:$a < b < c < d$)

① 同一浓度的有色溶液对不同波长的光有不同的吸光度。

② 对于同一有色溶液,在相同波长条件下,溶液浓度愈大,吸光度也愈大,这是物质定量分析的依据。

③ 对于同一物质,不论浓度大小如何,最大吸收峰对应的波长(称为最大吸收波长,用 λ_{max} 表示)不变,并且曲线形状也完全相同。

在进行吸光度测定时,通常都是选择在 λ_{max} 处测定,此时可以获得最高的灵敏度。因此,吸收曲线是分光光度法中选择测量波长的依据。

(2)光的吸收定律——朗伯-比尔定律

① 吸光度与透光率

当一束平行光通过均匀的液体介质时,光的一部分被溶液中的有色物质吸收,一部分透过溶液,还有一部分则被器皿表面反射。

设入射光强度为 I_0,吸收光强度为 I_a,透射光强度为 I_t,反射光强度为 I_r,则:

$$I_0 = I_a + I_t + I_r$$

在吸光光度分析中,被测溶液和参比溶液一般是分别放在同样材料和厚度的吸收池中,让强度为 I_0 的单色光分别通过两个吸收池,再测量透射光的强度。所以反射光的影响可相互抵消,则上式可简化为:

$$I_0 = I_a + I_t$$

透射光强度 I_t 与入射光强度 I_0 之比称为透射比,也称透光率,用 T 表示。即:

$$T = \frac{I_t}{I_0}$$

溶液的透光率越大,表示它对光的吸收越小;反之,透光率越小,表示它对光的吸收越大。常用吸光度 A 来表示物质对光的吸收程度,其定义为:

$$A = \lg \frac{1}{T} = \lg \frac{I_0}{I_t}$$

A 值越大,表明物质对光的吸收越大。透光率和吸光度都是表示物质对光的吸收程度的一种量度,两者可由上式相互换算。透光率常以百分率表示,称为百分透光率,用 $T\%$ 表示。

② 朗伯-比尔定律

朗伯-比尔定律是光吸收的基本定律,也是分光光度法定量分析的依据和基础。

当入射光的波长一定时,溶液的吸光度(A)是待测物质浓度(c)和液层厚度(l)的函数,其数学表达式为:

$$A = Klc$$

上式表明吸光度与溶液浓度和液层厚度的乘积成正比。式中 K 为比例系数,其大小取决于吸光物质的性质、入射光波长、溶液温度和溶剂性质等,与溶液浓度大小和液层厚度无关。但 K 的单位与溶液浓度和液层厚度采用的单位有关,当溶液浓度(c)以 mol/L 为单位,液层厚度(l)以 cm 为单位时,比例系数 K 称为摩尔吸光系数,以 ε 表示,单位为 L/(mol·cm)。此时,朗伯-比尔定律常表示为:

$$A = \varepsilon lc$$

摩尔吸光系数在特定波长和溶剂的情况下是吸光物质的重要参数之一,在数值上等于吸光物质的浓度为 1 mol/L、液层厚度为 1 cm 时溶液的吸光度。

摩尔吸光系数能反映在一定波长下物质的吸光能力,ε 越大,表示该物质的吸光能力越强,测定的灵敏度也就越高。因而,ε 通常作为选择显色反应的依据。

朗伯-比尔定律表明,当一束平行单色光通过单一均匀的、非散射的吸光物质溶液时,溶液的吸光度与溶液浓度和液层厚度的乘积成正比。此定律不仅适用于溶液,也适用于其他均匀、非散射的体系(气体或固体),是各类分光光度法定量分析的依据。

2. 紫外-可见分光光度计

紫外-可见分光光度计的型号、种类繁多,但基本结构和原理相似,都是由光源、单色器、吸收池、检测器和信号指示系统五部分组成,如图 2-3-3 所示。

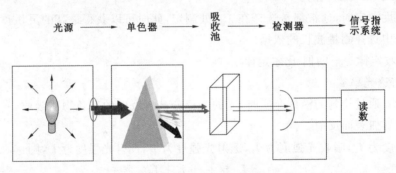

光源 —→ 单色器 —→ 吸收池 —→ 检测器 —→ 信号指示系统

读数

图 2-3-3　紫外-可见分光光度计基本构造示意图

(1)光源

光源是提供入射光的装置(见图 2-3-4)。对光源的要求是:在所需光谱区域内,提供连续的、具有足够强度的紫外及可见光,并且辐射强度要稳定,随波长的变化尽可能小,使用寿命长。通常在可见光区常用钨丝灯,其光谱波长范围为 350~2500 nm;在紫外光区常用氢灯和氘灯,其发射光谱波长范围为 180~360 nm,其中氘灯的辐射强度大、稳定性好、使用寿命长。

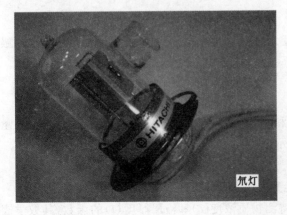

氘灯

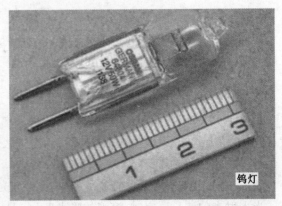

钨灯

图 2-3-4　常用光源

（2）单色器

单色器的作用是将光源发射的复合光分成单色光,主要由狭缝、色散元件和透镜组成,其中最关键的部件是色散元件,常用的有棱镜和光栅,如图 2-3-5 所示。

(a)　　　　　　　　　　　　　　　(b)

图 2-3-5　常用单色器的色散元件
（a）棱镜;（b）光栅

棱镜是根据不同波长的光在同一介质中具有不同的折射率进行分光的,通常有玻璃和石英两种材质,其中玻璃棱镜适用于可见光区,石英棱镜适用于紫外光区;光栅则是根据光的干涉与衍涉的联合作用进行分光。

（3）吸收池

吸收池又称比色皿,是用于盛放试液的装置,通常由光学透明材料制成(见图 2-3-6)。

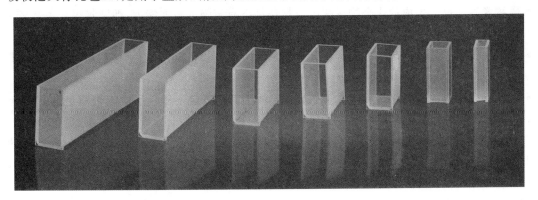

图 2-3-6　吸收池

在紫外光区,采用石英材料;在可见光区则用硅酸盐玻璃。大多数仪器都配有厚度分别为 0.5 cm、1 cm、2 cm、3 cm 等的一套长方体吸收池,同样厚度的吸收池的透光率之差不大于 0.5%。

吸收池的使用要求:

● 手执两侧的毛面,盛放液体高度约为吸收池高度的四分之三;

● 用擦镜纸或丝绸擦拭光学面;

● 吸收池必须配套使用,否则将使测试结果失去意义;

● 吸收池使用后应立即用水冲洗干净,被有色物污染后,可以用 3 mol/L 的 HCl 溶液和等体积乙醇的混合液浸泡洗涤;

● 凡含有腐蚀玻璃的物质(如 F^-、$SnCl_2$、H_3PO_4 等)的溶液,不得长时间盛放在吸收池中;

● 不得在火焰或电炉上加热或烘烤吸收池。

（4）检测器

检测器是光电转换装置,即将光信号变成电信号的装置。要求检测器对所测定波长范围内的光有快速、灵敏的响应,且有良好的稳定性。常用检测器有硒光电池、光电管、光电倍增管、硅二极管阵列等。

（5）信号指示系统

信号指示系统的作用是将检测器传来的电信号放大并以适当的方式显示或记录下来。常用的信号指示装置有检流计或微安表、数字显示及自动记录装置等。

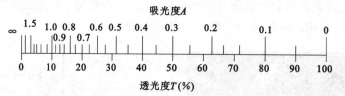

3. 分析条件的选择

为了使分析方法有较高的灵敏度和准确度,选择最佳的测定条件是十分重要的。这些条件包括显色反应条件、测量条件等。

(1) 显色反应条件的选择

在分光光度分析中,由于许多物质本身在紫外或可见光区内吸收的光很少,常需要利用显色反应把待测组分 X 转变为对紫外或可见光有较大吸收能力的物质,然后再进行测定。这种使试样中的被测组分与化学试剂作用生成有色化合物的反应称为显色反应,所用的试剂称为显色剂,即:

$$m\text{X} \quad + \quad n\text{R} \quad \rightleftharpoons \quad \text{X}_m\text{R}_n$$
待测物质　　显色剂　　　有色化合物

显色反应的类型主要有配位反应、氧化还原反应等,其中配位反应应用最为广泛。

显色反应一般应满足以下要求:

- **灵敏度高**　反应生成的化合物在测定波长条件下有较强的吸光能力,即摩尔吸光系数较大。
- **选择性好**　显色反应干扰少或干扰比较容易消除。
- **对比度要大**　显色剂与生成的有色化合物最大吸收波长(λ_{max})的差别应尽可能大,通常要求两者的 λ_{max} 之差应不小于 60 nm,即 $\Delta\lambda_{max} \geqslant 60$ nm。
- **显色反应生成的有色化合物组成要恒定,化学性质要稳定**　显色反应能否满足分光光度法的要求,除了与显色剂的性质有关以外,还与显色反应的条件控制有十分重要的关系,显色反应的条件主要包括显色剂用量、溶液的酸度、显色温度、显色时间及干扰离子的影响等,通常是利用实验的方法确定其最佳条件。

(2) 测量条件的选择

测量条件的选择主要包括入射光波长、参比溶液和吸光度测量范围等三个方面的选择。

① 入射光波长的选择

入射光波长的选择应根据被测物质的吸收曲线,通常选用最大吸收波长(λ_{max})作为入射光波长,即"最大吸收"原则。因为在此波长下,吸光物质的摩尔吸光系数最大,测定灵敏度最高,而且在 λ_{max} 附近波长的少许偏移引起的吸光度的变化较小,可得到较好的测量精度。

但是,当最大吸收波长附近存在较大干扰时(共存离子有吸收),就不选最大吸收波长作为入射光波长,这时应以"吸收最大,干扰最小"为原则选择入射光波长。

例如,在 $K_2Cr_2O_7$ 存在的条件下测定 $KMnO_4$,不是选择最大吸收波长($\lambda_{max}=525$ nm),而是选择 $\lambda=545$ nm 的波长作为入射光波长。因为在 525 nm 处,$K_2Cr_2O_7$ 有吸收,会干扰测定,而在 545 nm 处,$K_2Cr_2O_7$ 不吸收,对 $KMnO_4$ 的测定就没有干扰了。

② 参比溶液的选择

参比溶液又称空白溶液,其作用是调节分光光度计的透射比为 100%($A=0$),以消除吸收池的反射、吸收,以及溶剂、试剂等的吸收对吸光度的影响。

选择参比溶液的原则是:使试液的吸光度真正反映待测组分的浓度,即吸光度只与待测组分的浓度有关。

常用的参比溶液主要有以下几种:

溶剂参比　当试样溶液的组成较为简单,共存的其他组分很少且对测定波长的光几乎没有吸收时,可采用溶剂作为参比溶液,这样可以消除溶剂、吸收池等因素的影响。

试剂参比　如果显色剂或其他试剂在测定波长条件下有吸收,按与显色反应相同的条件,只是不加入试样,同样加入试剂和溶剂作为参比溶液。这种参比溶液可消除试剂中的组分产生吸收的影响。

试液参比　如果试样中其他共存组分在测定波长下有吸收,但不与显色剂反应,且显色剂在测定波长无吸收时,可用试样溶液作为参比溶液,即将按与显色反应相同的条件处理试样,只是不加显色剂。这种参比溶液可以消除有色共存离子的影响。

③ 吸光度测量范围的选择

在分光光度分析中,测定结果的相对误差不仅与仪器的精度有关,还和透射比或吸光度的读数范围有关,当 $T=36.8\%(A=0.434)$ 时,测量的相对误差最小。当 $T=15\%\sim70\%$,即 $A=0.2\sim0.8$ 时,测量的相对误差不超过 $\pm2\%$,能满足分析测定的要求,故吸光度 $A=0.2\sim0.8$ 为测量的适宜范围。

在实际分析工作中,通常通过调节被测溶液的浓度、使用不同厚度的吸收池来调整待测溶液的吸光度,使其在合适的吸光度范围内。

4. 定量分析方法

紫外-可见分光光度法定量分析的依据是朗伯-比尔定律,即在一定波长处测定物质的吸光度与它的浓度呈线性关系。因此,通过测定溶液对一定波长入射光的吸光度,即可求出该物质在溶液中的浓度或含量。分光光度分析中常用的定量分析方法主要有工作曲线法、比较法和示差法等。

① 工作曲线法

工作曲线法又称标准曲线法,是实际分析中使用最多的一种定量分析方法。

工作曲线法的操作方法是:配制一系列不同浓度的标准溶液,在一定测定条件下(包括显色条件、测量条件等),分别测定各标准溶液的吸光度。以吸光度 A 为纵坐标,标准溶液的浓度 c 为横坐标,绘制 $A—c$ 曲线,此曲线即为工作曲线(或标准曲线)。然后在相同条件下,测定被测试样的吸光度 A_x,从工作曲线上就可以查出被测试液的浓度 c_x,从而确定其含量,如图 2-3-7 所示。

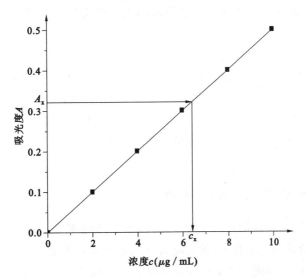

图 2-3-7　工作曲线

使用工作曲线法时应注意,测定样品溶液与绘制工作曲线时吸光度的测量必须在相同条件下进行,同时要求待测溶液的浓度应在工作曲线线性范围内,最好在工作曲线中部,这样才能保证测定的准确度。

工作曲线法适用于样品溶液中只含有一种组分,或混合溶液中待测组分的吸收峰与其他组分的吸收峰互相不重叠的情况,成批样品的分析可以消除一定的随机误差。

② 比较法

配制一个与试样溶液浓度相近的标准溶液,在相同条件下分别测定其吸光度,根据朗伯-比尔定律,有

标准溶液:$A_s = \varepsilon l c_s$

试样溶液:$A_x = \varepsilon l c_x$

由于吸收池厚度相同,两式相比得:

$$c_x = \frac{A_x}{A_s} \times c_s$$

比较法适用于个别样品的测定,使用该方法时要求 c_x 与 c_s 尽可能接近,且都符合朗伯-比尔定律。

③ 示差法

示差法又称示差分光光度法,可分为高吸光度示差法、低吸光度示差法、精密示差法和全差示差法四种类型,应用较广泛的是测定高含量组分的高吸光度示差法。

当待测组分含量较高,溶液浓度较大时,其吸光度值往往超出适宜的读数范围,从而引起较大的测量误差,甚至无法直接测定,此时若使用高吸光度示差法就可以解决这一问题。其具体方法是:

选择一个比待测试样浓度稍低的标准溶液作为参比溶液,如果标准溶液的浓度为 c_s,待测试样的浓度为 c_x,而且 $c_x > c_s$,根据朗伯-比尔定律:

$$A_x = \varepsilon l c_x$$
$$A_s = \varepsilon l c_s$$

两式相减得:

$$A_x - A_s = \varepsilon l (c_x - c_s)$$
$$\Delta A = \varepsilon l \Delta c$$

由上式可知,吸光度差值 ΔA(称为相对吸光度)与浓度差值 Δc 成正比关系,以浓度为 c_s 的标准溶液作参比溶液,测定一系列已知浓度的标准溶液的相对吸光度 ΔA,作 ΔA—Δc 工作曲线,由待测试液的 ΔA_x 在工作曲线上查出相应的 Δc_x(或用比较法计算出 Δc_x),则:

$$c_x = c_s + \Delta c_x$$

采用浓度为 c_s 的标准溶液,调节仪器透光度 $T = 100\%$($A = 0$),然后测量其他溶液的吸光度,这时的吸光度实际上是两者之差 ΔA,其读数值处于 $0.2 \sim 0.8$ 的适宜读数范围内。因而用高吸光度示差法测定高含量组分时,测量的相对误差较小,从而提高了测量的准确度。

使用高吸光度示差法要求仪器光源的强度要足够大,检测器足够灵敏,以保证将标准参比溶液的 T 调到 100%。

5.721 型可见分光光度计(图 2-3-8)的使用方法

(1) 在接通电源之前,电表的指针必须位于"0"刻线上,否则应旋动电表上的校正螺丝调节到位。

(2) 打开吸收池的箱盖和电源开关,使光电管在无光照射的情况下预热 20 min 以上。

(3) 旋转波长调节器,选择测定所需的单色光波长。选择适当的灵敏度,一般先将灵敏度旋钮调至中间位置,用"0"电位器旋钮调节电表指针至 T 值为 0 处。若不能调到,应适当增加灵敏度。

(4) 放入参比溶液和待测溶液,使参比溶液置于光路中,盖上吸收池的箱盖,使光电管受光,调节"100%"电位器调节旋钮,使电表指针在 T 值为 100% 处。

(5) 打开吸收池的箱盖(关闭光门),调节"0"电位器旋钮使指针在 T 值为 0 处,然后盖上箱盖(打

开光门),调节"100％"电位器调节旋钮使指针在 T 值为 100％处。如此反复调节,直到打开吸收池箱盖和合上吸收池箱盖时指针分别指在 T 值为 0 和 100％处为止。

(6) 将待测溶液置于光路中,盖上箱盖,读取校准溶液的吸光度(A)。

(7) 测量完毕后,关闭开关,取下电源插头,取出吸收池,洗净后倒置于滤纸上晾干,放好。盖好吸收池暗箱,盖好仪器。

图 2-3-8　721 型可见分光光度计

注意事项如下:

(1) 使用吸收池时,只能拿毛玻璃的两面,并且必须用擦镜纸擦干透光面,以保护透光面不受损坏或产生斑痕。在用吸收池装液前必须先用所装溶液润洗 3 次,以免改变溶液的浓度。吸收池在放入吸收池架时,应尽量使它们的前后位置一致,以减小测量误差。

(2) 需要大幅度改变波长时,在调整 T 值为 0 和 100％之后,应稍等片刻(因钨丝灯在急剧改变亮度后,需要一段热平衡时间),待指针稳定后再调整 T 值为 0 和 100％。

(3) 根据溶液的浓度大小选择不同厚度的吸收池,使吸光度 A 读数在 0.2～0.8 之间,这样可以得到较高的准确度。

(4) 确保仪器工作稳定,在电源电压波动较大的地方,应外加一个稳压电源,同时仪器应保持接地良好。

(5) 在仪器底部有两只干燥剂筒,应经常检查。发现干燥剂失效时,应立即更换或烘干后再用。吸收池暗箱内的硅胶也应定期取出烘干后再放回原处。

(6) 为了避免仪器积灰和沾污,在停止工作时,应用罩子罩住仪器。仪器在工作几个月或经搬动后,要检查波长的准确性,以确保仪器的正常使用和测定结果的可靠性。

【任务实施】

1. 任务准备

(1) 试剂

试剂名称	规格	试剂名称	规格	试剂名称	规格
三氧化二铁(Fe_2O_3)	光谱纯	氢氧化钠(NaOH)	分析纯(A.R)	盐酸(HCl)	分析纯(A.R)
硝酸(HNO_3)	分析纯(A.R)	抗坏血酸(V.C)	分析纯(A.R)	邻菲罗啉($C_{12}H_8N_2 \cdot 2H_2O$)	分析纯(A.R)
乙酸铵(CH_3COONH_4)	分析纯(A.R)	冰乙酸(CH_3COOH)	分析纯(A.R)		
氨水($NH_3 \cdot H_2O$)	分析纯(A.R)	对硝基酚($C_6H_5NO_3$)	分析纯(A.R)		

（2）仪器

名称	规格	名称	规格	名称	规格
分光光度计	721 型	移液管	10 mL	分析天平	0.0001 g
容量瓶	100 mL、250 mL、1000 mL	托盘天平	0.1 g	高温炉	
烧杯		试剂瓶		量筒	
电炉		干燥器		银坩埚	
干燥箱		称量瓶			

（3）试剂与溶液的制备

盐酸（1+1）：将 1 份体积浓盐酸（HCl）与 1 份体积水混合。

盐酸（1+5）：将 1 份体积浓盐酸（HCl）与 5 份体积水混合。

乙酸（1+1）：将 1 份体积冰乙酸（CH_3COOH）与 1 份体积水混合。

氨水（1+1）：将 1 份体积浓氨水（$NH_3 \cdot H_2O$）与 1 份体积水混合。

抗坏血酸溶液（5 g/L）：将 0.5 g 抗坏血酸（V.C）溶于 100 mL 水中，必要时过滤后使用，用时现配。

邻菲罗啉溶液（10 g/L）：将 1 g 邻菲罗啉（$C_{12}H_8N_2 \cdot 2H_2O$）溶于 100 mL 乙酸（1+1）中，用时现配。

乙酸铵溶液（100 g/L）：将 10 g 乙酸铵（CH_3COONH_4）溶于 100 mL 水中。

对硝基酚指示剂溶液（2 g/L）：将 0.2 g 对硝基酚（$C_6H_5NO_3$）溶于 100 mL 水中。

三氧化二铁标准溶液（0.1 mg/mL）：准确称取 0.1000 g 已于 950 ℃下灼烧 60 min 的三氧化二铁（Fe_2O_3，光谱纯），精确至 0.0001 g，置于 300 mL 烧杯中，依次加入 50 mL 水、30 mL 盐酸（1+1）、2 mL 硝酸，低温加热至微沸，待溶解完全后冷却至室温，移入 1000 mL 容量瓶中，加水稀释至标线，摇匀。此标准溶液相当于每毫升含有 0.1 mg 三氧化二铁。

（4）分析试样的准备

试样应具有代表性和均匀性。采用四分法或缩分器将试样缩分至约 100 g，经 150 μm 方孔筛筛析，将筛余物研磨后使其全部通过孔径为 150 μm 的方孔筛，充分混匀，装入试样瓶中，密封保存。分析前在 105～110 ℃干燥箱中干燥 2 h，盖好试样瓶盖子，放入干燥器中冷却至室温，供测定用。

2. 实施步骤

（1）试样的分解

称取约 0.6 g 试样（m_s），精确至 0.0001 g，置于银坩埚中，加入 6～7 g 氢氧化钠，盖上坩埚盖（留有缝隙），放入高温炉中，从低温升起，在 650～700 ℃的高温下熔融 20 min，期间取出摇动 1 次。取出冷却，将坩埚放入已盛有约 100 mL 沸水的 300 mL 烧杯中，盖上表面皿，在电炉上适当加热，待熔块完全浸出后，取出坩埚，用水冲洗坩埚和盖。在搅拌条件下一次加入 25～30 mL 盐酸，再加入 1 mL 硝酸，用热盐酸（1+5）洗净坩埚和盖。将溶液加热煮沸，冷却至室温后，移入 250 mL 容量瓶中，用水稀释至标线，摇匀。

（2）工作曲线的绘制

移取三氧化二铁（Fe_2O_3）标准溶液（0.1 mg/mL）0 mL、1.00 mL、2.00 mL、3.00 mL、4.00 mL、5.00 mL、6.00 mL 分别放入 100 mL 容量瓶中，加水稀释至约 50 mL。加入 5 mL 抗坏血酸溶液（5 g/L），放置 5 min，然后再加入 5 mL 邻菲罗啉溶液（10 g/L）、10 mL 乙酸铵溶液（100 g/L），用水

稀释至标线,摇匀(相当于每 100 mL 被测溶液中 Fe_2O_3 含量分别为 0 mg、0.1 mg、0.2 mg、0.3 mg、0.4 mg、0.5 mg、0.6 mg)。放置 30 min 后,用分光光度计、10 mm 吸收池,以水作参比,于波长 510 nm 处测定溶液的吸光度。以每 100 mL 测定溶液中三氧化二铁的含量(单位:mg)为横坐标,对应测得的吸光度(A)为纵坐标,绘制工作曲线。

(3) 试样溶液的测定

从上述试样溶液中吸取 10.00 mL 溶液放入 100 mL 容量瓶中(试样溶液的分取量视三氧化二铁的含量而定),加水稀释至约 40 mL。加入 5 mL 抗坏血酸溶液(5 g/L),放置 5 min,然后加入 5 mL 邻菲罗啉溶液(10 g/L)、10 mL 乙酸铵溶液(100 g/L),用水稀释至标线,摇匀。放置 30 min 后,用分光光度计、10 mm 吸收池,以水作参比,于波长 510 nm 处测定试样溶液的吸光度。在工作曲线上查出三氧化二铁的含量。

当吸取的试样溶液大于 10.00 mL 时,应按以下步骤调节溶液的酸度:加入 1～2 滴对硝基酚指示剂溶液(2 g/L),滴加氨水(1+1)至溶液呈黄色,再滴加盐酸(1+1)至溶液无色,并过量 1～2 滴盐酸(1+1)。

3. 数据记录与结果计算

(1) 数据记录

Fe_2O_3 标准溶液制备	Fe_2O_3 质量:_____ g　　　定容体积:_____ mL Fe_2O_3 标准溶液浓度:_____ mg/mL						
试样分解	试样质量:_____ g　　　定容体积:_____ mL						
仪器工作条件说明							
工作曲线绘制	样品编号	1	2	3	4	5	6	7
	移取标准溶液体积(mL)							
	Fe_2O_3 含量(mg /100 mL)							
	吸光度 A							
试样测定	移取试样溶液体积:_____ mL　　　定容体积:_____ mL 吸光度:_____　　　试样溶液浓度_____ mg /100 mL $w_{Fe_2O_3}$ = _____						

(2) 结果计算

试样中三氧化二铁(Fe_2O_3)的质量百分数按式(2-3-1)计算:

$$w_{Fe_2O_3} = \frac{m_{Fe_2O_3}}{m_s \times \frac{10}{250} \times 1000} \times 100\% = \frac{m_{Fe_2O_3}}{40 m_s} \times 100\% \qquad (2\text{-}3\text{-}1)$$

式中　$w_{Fe_2O_3}$——试样中 Fe_2O_3 的质量百分数,%;

$m_{Fe_2O_3}$—— 在标准曲线上查得的 100 mL 试样溶液中 Fe_2O_3 的含量,mg;

m_s——试料的质量,g;

10——分取试样溶液的体积,mL;

250——全部试样溶液体积,mL。

【任务小结】

(1) 在显色前，要加入足量的抗坏血酸，以保证试样溶液中的三价铁离子全部被还原为亚铁离子。

(2) 控制溶液酸度在 pH＝3～9 较为适宜。酸度过高，亚铁离子与邻菲罗啉配位反应缓慢；酸度过低，亚铁离子容易水解，影响显色。

(3) 抗坏血酸溶液和邻菲罗啉溶液不稳定，需现用现配，放置时间不宜过长。

(4) 试样溶液测定与绘制工作曲线时标准系列溶液测定的实验条件应保持一致，最好是两者同时显色，同时测定。

(5) 显色过程中，每加入一种试剂均要摇匀。

(6) 待测试样应完全透明，如有浑浊，应预先过滤。

【拓展提高】

石灰石中 Fe_2O_3 含量的测定方法除了采用邻菲罗啉分光光度法外，还可以采用原子吸收分光光度法(代用法)和 EDTA 配位滴定法(代用法)。

1. 原子吸收分光光度法

(1) 方法提要

以氢氟酸-高氯酸分解试样，制备试样溶液。分取一定量的试样溶液，以锶盐消除硅、铝、钛等对铁的干扰，在空气-乙炔火焰中，于波长 248.3 nm 处测定吸光度。

(2) 测定步骤

试样分解：称取约 0.1 g 试样(m_s)，精确至 0.0001 g，置于铂坩埚(或铂皿)中，加入 0.5～1 mL 水润湿，加入 5～7 mL 氢氟酸(HF)和 0.5 mL 高氯酸($HClO_4$)，放入通风橱内低温电热板上加热，近干时摇动铂坩埚以防溅失。待白色浓烟完全驱尽后，取下冷却。加入 20 mL 盐酸(1＋1)，温热至溶液澄清，冷却后，移入 250 mL 容量瓶中，加入 5 mL 氯化锶溶液(50 g/L)，用水稀释至标线，摇匀。

工作曲线绘制：吸取 0.1 mg/mL 三氧化二铁的标准溶液 0.00 mL、10.00 mL、20.00 mL、30.00 mL、40.00 mL、50.00 mL 分别放入 500 mL 容量瓶中，加入 30 mL 盐酸及 10 mL 氯化锶溶液(50 g/L)，用水稀释至标线，摇匀。将原子吸收分光光度计调节至最佳工作状态，在空气-乙炔火焰中，用铁空心阴极灯，于波长 248.3 nm 处，以水校零测定溶液的吸光度。用测得的吸光度作为相对应的三氧化二铁含量的函数，绘制工作曲线。

试样测定：从试样溶液中吸取一定量的溶液放入容量瓶中(试样溶液的分取量及容量瓶的容积视三氧化二铁的含量而定)，加入氯化锶溶液(50 g/L)，使测定溶液中氯化锶的浓度为 1 mg/mL。用水稀释至标线，摇匀。用原子吸收分光光度计，在空气-乙炔火焰中，用铁空心阴极灯，于波长 248.3 nm 处，在与工作曲线绘制相同的仪器条件下测定溶液的吸光度，在工作曲线上查出三氧化二铁的浓度。

(3) 结果计算

试样中 Fe_2O_3 的质量百分数按式(2-3-2)计算：

$$w_{Fe_2O_3} = \frac{c \times V \times n}{m_s \times 1000} \times 100\% \tag{2-3-2}$$

式中　c——工作曲线上查得的测定溶液中三氧化二铁的浓度，mg/mL；

　　　V——测定溶液的体积，mL；

　　　n——全部试样溶液与所分取试样溶液的体积比；

　　　m_s——试料的质量，g。

2. EDTA 配位滴定法

（1）方法提要

在 pH＝1.8～2.0，温度为 60～70 ℃ 的溶液中，以磺基水杨酸钠为指示剂，用 EDTA 标准滴定溶液滴定。

（2）测定步骤

吸取 50.00 mL 已制备好的试样溶液于 300 mL 的烧杯中，用水稀释至 100 mL，以氨水（1＋1）调节 pH 至 1.8～2.0（用精密试纸或酸度计检验），将溶液加热至 70 ℃，加入 10 滴磺基水杨酸钠指示剂溶液（100 g/L），在不断搅拌下，用 EDTA 标准滴定溶液（0.015 mol/L）缓慢滴定至溶液呈无色或亮黄色（滴定终点颜色视试样中三氧化二铁的含量而定；滴定终点时溶液温度不得低于 60 ℃，滴定终点前溶液温度降至近 60 ℃ 时，须再将溶液加热至 65～70 ℃）。记录消耗的 EDTA 标准滴定溶液的体积（V_{EDTA}）。

注：试样溶液的制备方法与采用邻菲罗啉分光光度法测定石灰石中 Fe_2O_3 含量时试样溶液的制备方法相同。

（3）结果计算

试样中 Fe_2O_3 的质量百分数按式（2-3-3）计算：

$$w_{Fe_2O_3} = \frac{T_{Fe_2O_3} \times V_{EDTA} \times n}{m_s \times 1000} \times 100\% \tag{2-3-3}$$

式中　$T_{Fe_2O_3}$——EDTA 标准滴定溶液相对于三氧化二铁的滴定度，mg/mL；

　　　V_{EDTA}——滴定时所消耗的 EDTA 标准滴定溶液的体积，mL；

　　　n——全部试样溶液与所分取试样溶液的体积比；

　　　m_s——试料的质量，g。

任务 4　水泥熟料中 MgO 含量的测定

（原子吸收分光光度法）

【任务描述】

根据国家标准《水泥化学分析方法》(GB/T 176—2008)中规定的氧化镁(MgO)含量的测定方法,利用原子吸收分光光度法完成水泥熟料中 MgO 含量的测定。通过本任务的训练,使学生理解原子吸收分光光度法测定 MgO 含量的基本原理,能够规范操作原子吸收分光光度计,利用工作曲线法完成 MgO 含量的测定。

【任务解析】

水泥熟料中的氧化镁主要来自石灰石原料,它是一种有害成分。在水泥熟料煅烧过程中,氧化镁与硅、铁、铝化合物的化学亲和力很小,一般不参加化学反应,在水泥熟料形成后,主要以游离态的方镁石存在。而方镁石的水化速度极慢,在硬化的水泥石中若干年都能不断进行水化,并产生体积不均匀膨胀,影响水泥的安定性,降低水泥的抗折强度。所以必须控制熟料及水泥成品中的氧化镁含量。

国家标准《硅酸盐水泥熟料》(GB/T 21372—2008)规定,硅酸盐水泥熟料中氧化镁含量必须小于或等于 5.0%,熟料中氧化镁含量在 5.0%～6.0%时,要进行压蒸安定性检验,当制成 I 型硅酸盐水泥的压蒸安定性合格时,在熟料中氧化镁含量允许放宽到 6.0%。在国家标准《通用硅酸盐水泥》(GB/T 175—2007)中,也对不同品种水泥中氧化镁的含量做出了限量要求。

氧化镁含量的测定方法主要有:EDTA 配位滴定法、原子吸收分光光度法。国家标准《水泥化学分析方法》(GB/T 176—2008)和《建材用石灰石、生石灰和熟石灰化学分析方法》(GB/T 5762—2012)均提供了这两种分析方法,其中原子吸收分光光度法为基准法。

本任务采用原子吸收分光光度法测定水泥熟料中氧化镁的含量,该方法的基本原理如下:

以氢氟酸-高氯酸分解试样或氢氧化钠熔融-盐酸分解试样的方法制备溶液,分取一定量的溶液,用锶盐消除硅、铝、钛等对镁的干扰,在空气-乙炔火焰中,于 285.2 nm 处测定溶液的吸光度。利用工作曲线法,确定试样中氧化镁的含量。

【相关知识】

原子吸收分光光度法又称原子吸收光谱法(AAS),是基于测量蒸气中基态原子对特征电磁辐射的吸收进行分析的一种仪器分析方法,主要用于元素的定量分析。

原子吸收分光光度法具有以下显著特点:

● **选择性高、干扰少**　采用该方法分析不同元素需选择不同元素的灯,故干扰因素较少,干扰容易消除。通常在同一溶液中可连续测定多种元素而不需预先分离。

● **灵敏度高**　用火焰原子吸收分光光度法可测到 10^{-9} g/mL 数量级;用无火焰原子吸收分光光度法可测到 10^{-14}～10^{-10} g/mL 数量级。

● **准确度高**　火焰原子吸收分光光度法的相对误差一般小于 1%,其准确度接近经典化学分析方法。石墨炉原子吸收法的相对误差一般为 3%～5%。

● **操作简便,分析速度快**　在准备工作做好后,一般几分钟就可以完成一种元素的测定。

● **应用范围广**　可以直接测定 70 多种金属元素,也可以用间接方法测定一些非金属和有机化合物,既可做痕量组分分析,又可进行常量组分测定。

原子吸收分光光度法也有一些不足之处。例如使用单元素灯时每测一种元素就要更换一种灯,实验条件还要重新调整,因此在多元素测定中比较麻烦。对于有些元素,测定的灵敏度还比较低(如钍、锆、铪、银、钽等)。此外对于复杂样品,需要进行复杂的化学预处理,否则干扰将比较严重从而影响测定结果。

1. 原子吸收分光光度法的基本原理

(1)共振线和吸收线

任何元素的原子都是由带一定数目正电荷的原子核和带相同数目负电荷的核外电子所组成。原子核外电子是根据其能量的高低分层排布的,每层具有确定的能量,从而形成不同的能级。每个电子的能量是由它所处的能级决定的,一个原子可以具有多种能级状态。核外电子的排布具有最低能级时,称为基态;其余能级状态称为激发态,而能量最低的激发态称为第一激发态。原子能级状态如图 2-4-1所示。

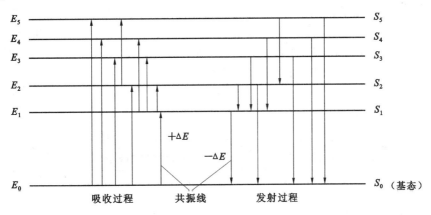

图 2-4-1　原子能级示意图

正常情况下,处于基态的原子,称为**基态原子**。当基态原子受外界能量(如热能或光能等)激发时,最外层电子吸收一定的能量而跃迁至相应的激发态,从而产生原子吸收光谱。由于原子各能级间的能量差 ΔE 是一定的,只有当外界提供的能量恰好等于两能级差 ΔE 时,才可能产生原子吸收光谱。原子吸收光谱的频率 γ 或波长 λ,是由产生跃迁的两能级差 ΔE 决定的,计算式如下:

$$\Delta E = h\gamma = h\frac{c}{\lambda}$$

电子吸收一定能量跃迁至能量较高的激发态时是不稳定的,其在极短的时间(约 10^{-8} s)内又返回到原能级,同时将跃迁时吸收的能量以光的形式辐射出来,从而产生原子发射光谱。原子核外电子从基态跃迁至第一激发态时所吸收的谱线称为**共振吸收线**,简称共振线。电子从第一激发态返回至基态所时发射出来的谱线称为**共振发射线**,也简称共振线。

由于各种元素的原子结构和核外电子排布不同,其核外电子从基态跃迁至第一激发态时所吸收的能量也不同,因此各种元素的共振线各有其特征,即共振线为元素的特征谱线。

由于基态与第一激发态之间的能级差最小,电子跃迁概率最大,因此对大多数元素来说,共振线是所有吸收线中最灵敏的谱线。原子吸收分光光度法就是利用处于基态的待测原子蒸气对从光源发射的共振发射线的吸收来进行定量分析的。在原子吸收分光光度分析中,通常以共振线作为分析线。

(2)原子吸收分光光度法的定量分析依据

在实际工作中,对于低浓度试样,可以将基态原子数看作吸收辐射的原子的总数。在使用锐线光源的情况下,原子蒸气对入射光的吸收符合朗伯-比尔定律。设待测元素的锐线光源入射光的强度为

I_0，当其垂直通过光程为 b 的均匀基态原子蒸气时，由于试样中待测元素的基态原子蒸气吸收，光强度减小为 I_t，则吸光度 A 与试样中基态原子数目 N_0 的关系为：

$$A = \lg \frac{I_0}{I_t} = KN_0 b$$

由于试样中待测元素的浓度 c 与待测元素基态原子数成正比，即

$$A = K'cb$$

在实验条件一定时，基态原子蒸气的吸光度与试样中待测元素的浓度及光程长度的乘积成正比。在火焰光度法中，光程长度 b 实际上就是燃烧器的缝长度，通常是固定不变的，上式可简化为：

$$A = K''c$$

K'' 在一定实验条件下是常数，则吸光度与待测元素的浓度呈线性关系，故通过测定吸光度 A，就可求出待测元素的浓度 c。

2. 原子吸收分光光度计

原子吸收分光光度计又称原子吸收光谱仪，主要由光源、原子化系统、分光系统和检测系统四部分组成。按照仪器光路结构形式的不同，可将仪器分为单道单光束型、单道双光束型、双道单光束型和双道双光束型，目前比较常用的是单道单光束型和单道双光束型。现以单道单光束型为例，说明原子吸收分光光度计的主要组成部件，如图 2-4-2 所示。

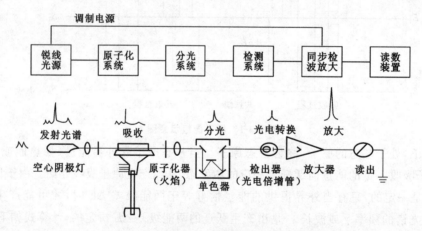

图 2-4-2　原子吸收分光光度计结构示意图

（1）光源

光源的作用是发射待测元素的特征谱线，主要是共振线，供吸收测量用。

对光源的要求如下：

● 能够发射锐线光，即发射线要足够"窄"，其半宽度要明显小于吸收线的半宽度。这样有利于提高灵敏度和工作曲线的直线性。

● 发射的光必须具有足够的强度，且背景小，这样有利于提高信噪比，改善检出限。

● 发射的光强度必须稳定，这样有利于提高测定精密度。

● 灯的使用寿命长。

空心阴极灯、蒸气放电灯、无极放电灯均符合上述要求，其中应用最为广泛的是空心阴极灯。空心阴极灯是一种性能优良的锐线光源，具有发射强度高、稳定性好、背景辐射较小、谱线很窄的特点。

（2）原子化系统

原子化系统的作用是将试液中的待测元素转变为游离的基态原子蒸气，并使其进入辐射光路中，又称原子化器。由于原子吸收分光光度法是建立在基态原子蒸气对共振线吸收的基础上，因此，样品

的原子化是原子吸收光谱分析中的一个关键问题。原子化系统是原子吸收分光光度计的关键部件，其性能直接影响测定的灵敏度和准确度。

对原子化系统的要求如下：

● 必须具有足够高的原子化效率。

● 必须具有良好的稳定性和重现性。

● 操作简便，干扰小。

● 安全可靠，记忆效应小。所谓记忆效应是指上一试样对下一试样测定的影响，记忆效应小，仪器读数返回零点快；记忆效应大，仪器读数返回零点慢。

实现原子化的方法可分为两大类：火焰原子化法、无火焰原子化法。

火焰原子化法是利用火焰热能使试样转化为游离基态原子蒸气，具有简单、快速、对大多数元素都有较高的灵敏度等优点。最常用的火焰有乙炔-空气火焰和乙炔-氧化亚氮火焰两种。火焰原子化法的操作简便，重现性好，有效光程大，对大多数元素都有较高的灵敏度，因此应用广泛。但火焰原子化法的原子化效率低，灵敏度不够高，而且一般不能直接分析固体样品。火焰原子化法的这些不足之处，促使了无火焰原子化法的发展。

无火焰原子化法是利用电热、阴极溅射、等离子体、激光或冷原子发生器等，使试样转化为游离基态原子蒸气，应用较多的是电热高温管式石墨炉原子化器。石墨炉原子化器的主要优点是：具有较高并且可以控制的温度，原子化效率高；绝对灵敏度高，可达 10^{-12} g；无论是液体还是固体均可直接进样，而且样品用量少，一般液体试样为 $1 \sim 100$ μL，固体试样可少至 $20 \sim 40$ μg。其缺点是：再现性较差，记忆效应比较严重，背景干扰较大，通常需要作背景校正；另外装置复杂，价格昂贵。

（3）分光系统

分光系统的作用是将待测元素的共振线与邻近线分开。其色散元件可用棱镜或衍射光栅。

（4）检测系统

检测系统主要由光电元件、放大器、对数变换器和读数显示装置等组成。其作用是将分光系统分出的光信号转换为电信号，经放大和对数变换后，检测并显示出来。

3. 定量分析方法

原子吸收分光光度法主要是作为一种定量分析方法，常采用的定量分析方法有标准曲线法、标准加入法和浓度直读法。

（1）标准曲线法

原子吸收分析中的标准曲线法与紫外-可见分光光度法的标准曲线法相似，关键都是绘制一条工作曲线。其方法是：配制一组合适浓度的标准溶液，在最佳测定条件下，由低浓度到高浓度依次测定它们的吸光度 A。以测得的吸光度 A 为纵坐标，待测元素的浓度 c 为横坐标，绘制 A—c 曲线，即为标准曲线，又称工作曲线。在与绘制标准曲线时相同的条件下测定样品的吸光度，利用标准曲线以内插法求出被测元素的浓度。理想的标准曲线应该是一条通过坐标原点的直线，如图 2-4-3 所示。

标准曲线法的优点是简便、快速，适用于组成较为简单的大批样品的分析；不足之处是对个别样品的测定仍需配制标准系列溶液，手续比较麻烦，特别是对组成复杂的样品，标样的组成难以与其相近，基体效应差别较大，测定的准确度欠佳。

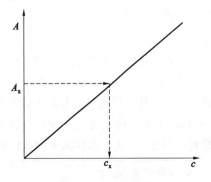

图 2-4-3　标准曲线

（2）标准加入法

若试样的基体组成复杂，且试样的基体对测定有明显的干扰，则在一定浓度范围内标准曲线呈线性的情况下，可采用标准加入法测定。其方法是：取相同体积的试样溶液两份，分别移入容量瓶 A 及 B 中，另取一定量的标准溶液加入 B 中，然后将两份溶液稀释至刻度，测出 A 及 B 两份溶液的吸光度。设试样中待测组分（容量瓶 A 中）的浓度为 c_x，加入标准溶液（容量瓶 B 中）的浓度为 c_0，A 溶液的吸光度为 A_x，B 溶液的吸光度为 A_0，则可得：

$$A_x = K c_x$$
$$A_0 = K'(c_0 + c_x)$$

由上述两式即得：

$$c_x = \frac{A_x}{A_0 - A_x} c_0$$

根据上式即可计算出试液中待测组分的浓度或含量。

在实际测定中，多采用作图的方法：吸取四份以上试液，第一份为不加待测元素的标准溶液，从第二份开始，依次按比例加入不同量的待测组分标准溶液，用溶剂稀释到同一体积，以空白溶液为参比，在相同条件下，分别测量各份溶液的吸光度。设试样中待测组分浓度为 c_x，加入标准溶液后浓度分别为 $c_x + c_0$，$c_x + 2c_0$，$c_x + 3c_0$ …各溶液对应的吸光度分别为 A_0、A_1、A_2、A_3 …以 A 为纵坐标，c 为横坐标作图，得到如图 2-4-4 所示的直线，将它外推至浓度轴，与横坐标交于 c_x，c_x 即为所测试样中待测组分的浓度。

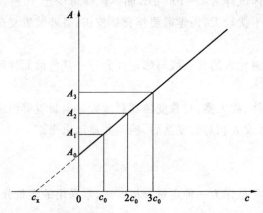

图 2-4-4　标准加入法工作曲线

使用标准加入法时应注意以下几点：

● 相应的标准曲线应是一条通过坐标原点的直线，待测组分的浓度应在此线性范围内。这是由于标准加入法也是建立在吸光度与浓度成正比的基础上。

● 标准溶液的加入量要适当，以避免直线斜率过大或过小而产生较大误差。通常要求第二份溶液加入标准溶液的浓度与试样中待测组分的浓度较为接近，即加入标准溶液后的吸光度约为原溶液吸光度的一倍。

● 为了能得到较为准确的外推结果，至少要选取四个点（包括试样溶液本身）来制作外推曲线。

● 标准加入法可以消除基体效应带来的影响，并在一定程度上消除化学干扰和电离干扰，但不能消除背景吸收干扰。因此只有扣除了背景之后，才能得到待测组分的真实含量，否则将使测定结果偏高。

例如：用原子吸收分光光度法分析尿样中的铜，分析线波长为 324.8 nm，采用标准加入法，分析结果列于下表中，试计算样品中铜的浓度。

加入 Cu 的浓度（μg/mL）	0	2.0	4.0	6.0	8.0
吸光度（A）	0.28	0.44	0.60	0.757	0.912

　　根据所给数据绘制出吸光度 A 与所加标准溶液浓度 c 的关系曲线,如图 2-4-5 所示,再将其外推至与横坐标相交于一点,查得样品中铜的浓度为 3.50 $\mu g/mL$。

　　(3) 内标法

　　内标法是将一定量试液中不存在的某种标准物质,加到一定试液中进行测定的方法,所加入的这种标准物质称为内标物质或内标元素。

　　内标法与标准加入法的区别在于,前者所加入的标准物质是试液中不存在的;而后者所加入的标准物质是待测组分的标准溶液,是试液中存在的。

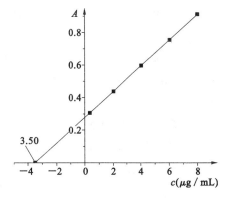

图 2-4-5　铜工作曲线(标准加入法)

　　内标法的具体操作是:向一系列不同浓度的待测元素标准溶液及被测试液中依次加入相同量的内标元素 N,稀释至同一体积。在同一实验条件下,分别在内标元素及待测元素的共振吸收线处,依次测量每种溶液中待测元素 M 和内标元素 N 的吸光度 A_M 和 A_N,并求出它们的比值 A_M/A_N。然后以 A_M/A_N 为纵坐标,待测元素 M 的浓度 c_M 为横坐标,绘制 A_M/A_N—c_M 的内标工作曲线,如图 2-4-6 所示。根据待测试液测得 A_M/A_N 的比值,在内标工作曲线上,用内插法查出试液中待测元素的浓度并计算试样中待测元素的含量。

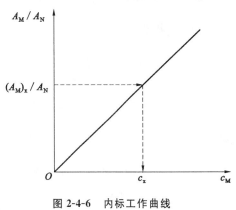

图 2-4-6　内标工作曲线

4. 工作条件的选择

　　在原子吸收分光光度分析中,为了获得灵敏度高、重现性好和准确的结果,应对测定条件进行优选。

　　(1) 分析线的选择

　　分析线的选择应从灵敏度高、干扰少两方面考虑。大多数分析线选用主共振线,因为主共振线具有激发能量低、测定灵敏度高等特点。

　　如果某分析线附近有其他光谱干扰,人们宁愿选用灵敏度稍低的谱线作为分析线。

　　(2) 狭缝宽度的选择

　　狭缝的宽度主要是根据待测元素的谱线结构和所选的吸收线附近是否有非吸收干扰来选择。显然增大狭缝宽度,透射辐射通量大,集光本领大,但分光系统的分辨率会下降,有可能使分析线与干扰谱线分不开而产生干扰;反之,若狭缝宽度太小,则光强度太弱,集光本领减小,信噪比下降。

　　可以通过实验选择合适的狭缝宽度。具体方法是:固定其他实验条件不变,依次改变狭缝宽度,测量在不同狭缝宽度时待测元素标准溶液的吸光度,绘制吸光度—狭缝宽度曲线。

　　随着狭缝宽度的增加,吸光度 A 逐渐增大并达到最大,当狭缝宽度继续增大时,其他干扰谱线或非吸收线进入光谱通带内,导致吸光度立即减小,故不引起吸光度减小的最大狭缝宽度就是最合适的狭缝宽度。

　　(3) 灯电流的选择

　　空心阴极灯电流的大小将影响测定的灵敏度、稳定性及灯的使用寿命。

　　选择较小的灯电流,可以得到很窄的发射线,有利于提高测定的灵敏度。但灯电流过小时,会使放电不稳定,光谱输出强度减弱,稳定性差。而灯电流过大时,则会使发射线变宽,灵敏度下降,标准曲线弯曲,并使灯的寿命缩短。

选择灯电流的一般原则是:在保证放电稳定和有适当光强度输出的情况下,尽量选用较低的工作电流。

具体的选择方法是:固定其他实验条件不变,在一定范围内依次改变灯电流,测定不同灯电流时待测元素标准溶液的吸光度,绘制吸光度—灯电流关系曲线,然后选择有最大吸光度读数时的最小灯电流。

（4）原子化条件的选择

火焰的选择与调节是影响原子化效率的主要因素。首先要根据试样的性质选择火焰的类型,然后通过实验确定合适的燃助比,再调节燃烧器高度来控制光束的高度,以得到较高的灵敏度。

石墨炉原子化条件的选择:要合理选择干燥、灰化、原子化及净化等阶段的温度与时间,主要是通过实验的方法来选择最合适的条件。

5. 干扰及抑制

尽管原子吸收分光光度法由于使用锐线光源,光谱干扰较小,相对于化学分析等其他分析手段来说是一种干扰较少的检测技术。但在某些情况下干扰的问题还是不容忽视的,因此,应当了解可能产生测量误差的各种干扰的来源及其抑制方法。原子吸收分光光度法中干扰主要有化学干扰和光谱干扰两类。

（1）化学干扰

化学干扰是指在样品处理及火焰原子化过程中,待测元素与干扰组分发生化学反应,形成稳定的化合物,从而影响待测元素化合物的解离及其原子化,致使火焰中基态原子数目减少而产生的干扰。化学干扰是原子吸收分光光度法中的主要干扰来源。

化学干扰对试样中各种元素的影响各不相同,具有选择性,并随火焰温度、火焰状态和部位、其他组分的存在、雾滴的大小等条件而变化。为了有效地进行测定,必须用相应的方法消除化学干扰,最常用的方法有:利用高温火焰、选择适当的测定条件、加入释放剂或保护剂等。

（2）光谱干扰

光谱干扰是由于待测元素吸收线与其他吸收线或辐射不能完全分开而产生的干扰。光谱干扰包括谱线干扰和背景干扰两种,主要来源于光源和原子化系统,也与共存元素有关。

① 谱线干扰

谱线干扰是指由于仪器分光系统色散率不高或工作条件选择不当,使分析线与干扰线未能分开而产生的干扰。谱线干扰主要来自吸收线重叠干扰,以及在光谱通带内存在多条吸收线或在光谱通带内存在光源发射的非吸收线等的干扰。

谱线干扰可通过减小狭缝宽度、选择其他分析线等方法消除。

② 背景干扰

背景干扰也称背景吸收干扰,是一种非原子吸收信号产生的干扰,是指在原子化过程中,由于分子吸收和光散射作用而产生的干扰。背景干扰使吸光度增大,产生正误差。

一般情况下,由分子吸收和光散射作用引起的背景干扰主要发生在无火焰原子化法中,但当溶液浓度很高时,火焰原子化法中也存在分子吸收和光散射作用。

目前原子吸收分光光度分析中,无论是商品仪器,还是实验室研究装置,对于背景的校正都是通过两次测量完成的。即一次在分析波长处测量原子吸收信号和背景吸收信号的总和,另一次在分析波长或邻近波长处测量背景吸收信号,两次测定的差值即为扣除背景后的净原子吸收信号。校正背景干扰的方法主要有邻近非吸收线扣除法和氘灯校正法两种。

6. WFX-120 型原子吸收分光光度计(图 2-4-7)使用方法

（1）准备工作

打开主机电源开关，开启计算机，启动仪器分析软件，利用分析软件编辑分析方法、设计分析任务。

图 2-4-7　WFX-120 型原子吸收分光光度计

编辑分析方法：需要确定仪器条件、测量条件、工作曲线、火焰条件等。仪器条件包括分析波长、元素灯、元素灯位置、背景校正器、狭缝、灯电流、预热灯电流等；测量条件包括分析信号（时间平均）、测量方式、读数延时、读数时间、阻尼常数等；工作曲线的建立包括选择适当的方程类型、浓度单位、标液浓度及测量次数等；火焰条件的设置包括选择适当的火焰类型、燃气流量、空气流量、燃烧头高度等。

分析任务设计：在分析任务设计对话框中，选择分析元素及灯位置、分析方法，编辑样品表或装入样品表，点击"完成"，点亮元素灯，进入仪器控制界面，调整主光束能量达到 100%，点击"完成"即进入测量界面进行实验分析。

在上述调试工作完成后，预热 30 min 后开始使用。

（2）点火

接通空气压缩机电源，然后依次打开风机和压机开关，调整适当的空气压力（0.3 MPa）。然后打开乙炔气，调整减压阀，使其压力在 0.05～0.07 MPa 之间。检查排液管是否有水封，确认后按下点火开关，点燃火焰。

（3）测量

将吸液管放入空白蒸馏水中，用鼠标点击"调零"进行调零，然后按标准溶液浓度由低到高的顺序将吸液管放入标准溶液中，并依次点击"读数"，即可完成标准曲线的绘制。然后，可按同样的方法进行未知样品的测量。

（4）结果查看及打印

在测量界面打开工作曲线及结果选项卡，可以查看工作曲线及未知样品的测量结果，并可将这些数据打印出来。

（5）关机

按下点火开关，关闭火焰，然后关闭乙炔气减压阀和主阀；依次关闭空压机和风机开关；退出仪器应用程序，关闭计算机；最后关闭主机开关。

【任务实施】

1. 任务准备

（1）试剂

试剂名称	规格	试剂名称	规格	试剂名称	规格
氧化镁（MgO）	光谱纯	氢氟酸（HF）	分析纯（A.R）	盐酸（HCl）	分析纯（A.R）
氢氧化钠（NaOH）	分析纯（A.R）	高氯酸（HClO₄）	分析纯（A.R）	氯化锶（SrCl₂·6H₂O）	分析纯（A.R）

（2）仪器

名称	规格	名称	规格	名称	规格
原子吸收分光光度计	WFX-120 型	移液管	25 mL、10 mL	分析天平	0.0001 g
镁元素空心阴极灯		容量瓶	100 mL、250 mL、500 mL、1000 mL	托盘天平	0.1 g
烧杯		试剂瓶		量筒	
电炉		干燥器		称量瓶	
干燥箱		高温炉		银坩埚	

（3）试剂与溶液的制备

盐酸（1+1）：将 1 份体积浓盐酸（HCl）与 1 份体积水混合。

盐酸（1+9）：将 1 份体积浓盐酸（HCl）与 9 份体积水混合。

氯化锶溶液（50 g/L）：将 152.2 g 氯化锶（SrCl₂·6H₂O）溶解于水中，加水稀释至 1 L，必要时过滤后使用。

氧化镁标准溶液（0.05 mg/mL）：称取 1 g 已于（950±25）℃下灼烧 60 min 的氧化镁（MgO，基准试剂或光谱纯），精确至 0.0001 g，置于 250 mL 烧杯中，加入 50 mL 水，再缓慢加入 20 mL 盐酸（1+1），低温加热至完全溶解，冷却至室温后，移入 1000 mL 容量瓶中，用水稀释至标线，摇匀。此标准溶液相当于每毫升含 1 mg 氧化镁。

吸取 25 mL 上述标准溶液放入 500 mL 容量瓶中，用水稀释至标线，摇匀。此标准溶液相当于每毫升含 0.05 mg 氧化镁。

（4）分析试样的准备

试样应具有代表性和均匀性。采用四分法或缩分器将试样缩分至约 100 g，经 80 μm 方孔筛筛析，用磁铁吸去筛余物中的金属铁，将筛余物研磨后使其全部通过孔径为 80 μm 的方孔筛，充分混匀，装入试样瓶中，密封保存，供测定用。

2. 实施步骤

（1）试样的分解

制备方法一：氢氟酸-高氯酸分解试样

称取约 0.1 g 试样（m_s），精确至 0.0001 g，置于铂坩埚（或铂皿）中，用 0.5～1 mL 水润湿，加入 5～7 mL 氢氟酸和 0.5 mL 高氯酸，放入通风橱内低温电热板上加热，近干时摇动坩埚以防溅失。待白色浓烟驱尽后，取下冷却。加入 20 mL 盐酸（1+1），温热至溶液澄清，冷却后，移入 250 mL 容量瓶中,加 5 mL 氯化锶溶液(50 g/L),用水稀释至标线,摇匀。此试液 A 供原子吸收光谱法测定氧化镁、三氧化二铁、一氧化锰、氧化钾和氧化钠的含量。

制备方法二:氢氧化钠熔融-盐酸分解试样

称取约 0.1 g 试样(m_s),精确至 0.0001 g,置于银坩埚中,加入 3~4 g 氢氧化钠,盖上坩埚盖(留有缝隙),放入高温炉中,在 750 ℃的高温下熔融 10 min,取出冷却。将坩埚放入已盛有约 100 mL 沸水的 300 mL 烧杯中,盖上表面皿,待熔块完全浸出后(必要时适当加热),取出坩埚,用水冲洗坩埚和盖。在搅拌下一次加入 35 mL 盐酸(1+1),用热盐酸(1+9)洗净坩埚和盖。将溶液加热煮沸,冷却后,移入 250 mL 容量瓶中,用水稀释至标线,摇匀。此试液 B 供原子吸收光谱法测定氧化镁的含量。

(2) 工作曲线的绘制

吸取每毫升含 0.05 mg 氧化镁的标准溶液 0 mL、2.00 mL、4.00 mL、6.00 mL、8.00 mL、10.00 mL、12.00 mL 分别放入 500 mL 容量瓶中,加入 30 mL 盐酸(1+1)及 10 mL 氯化锶溶液(50 g/L),用水稀释至标线,摇匀。将原子吸收光谱仪调节至最佳工作状态,在空气-乙炔火焰中,用镁元素空心阴极灯于波长 285.2 nm 处,以水校零测定溶液的吸光度,用测得的吸光度作为相对应的氧化镁含量的函数,绘制工作曲线。

(3) 试样的测定

从试液 A 或试液 B 中吸取一定量的试液移入容量瓶中(试样溶液的分取量及容量瓶的容积视氧化镁的含量而定),加入盐酸(1+1)及氯化锶溶液,使测定溶液中盐酸的体积分数为 6%,锶的浓度为 1 mg/mL。用水稀释至标线,摇匀。用原子吸收光谱仪在空气-乙炔火焰中,用镁元素空心阴极灯于波长 285.2 nm 处,在与标准工作曲线绘制时相同的仪器条件下测定溶液的吸光度,在工作曲线上查出氧化镁的浓度。

3. 数据记录与结果计算

(1) 数据记录

MgO 标准溶液制备	MgO 质量:_____ g 分取体积:_____ mL MgO 标准溶液浓度:_____ mg/mL			定容体积:_____ mL 定容体积:_____ mL			
试样分解	试样质量:_____ g			定容体积:_____ mL			
仪器工作条件说明							
工作曲线绘制	样品编号	1	2	3	4	5	6	7
	移取标准溶液体积(mL)						
	MgO 含量(mg/100 mL)						
	吸光度						
试样测定	移取试样溶液体积:_____ mL　　定容体积:_____ mL 吸光度:_____　　试样溶液浓度:_____ mg/100 mL $w_{MgO}=$						

(2) 结果计算

试样中氧化镁的质量百分数按下式计算:

$$w_{MgO} = \frac{c_1 \times V_1 \times n}{m_s \times 1000} \times 100\%$$

式中　w_{MgO}——MgO 的质量百分数,%;

　　　　c_1——从工作曲线上查得的试样溶液中氧化镁的浓度,mg/mL;

　　　　V_1——测定时试样溶液的体积,mL;

　　　　n——全部试样溶液与所分取试样溶液的体积比;

　　　　m_s——试样的质量,g。

【任务小结】

测定中需注意的事项如下:

(1) 定期检查供气管路是否漏气。检查时可在可疑处涂一些肥皂水,看是否有气泡产生,千万不能用明火检查漏气。

(2) 测定时,要特别注意防止回火。首先,在点火之前,一定要检查雾室的废液管是否有水封;其次,要特别注意点火和熄火时的操作顺序:点火时一定要先打开助燃气,再开燃气;熄火时必须先关闭燃气,待火熄灭后再关助燃气。

(3) 在空气压缩机的送气管道上,应安装气水分离器,经常排放气水分离器中集存的冷凝水。冷凝水进入仪器管道会引进喷雾不稳定,进入雾化器会直接影响测定结果。

(4) 燃烧器缝口积存盐类,会使火焰分叉,影响测定结果。遇到这种情况应熄灭火焰,用滤纸插入缝口擦拭,也可以用刀片插入缝口轻轻刮除,必要时可用水冲洗。

(5) 测定溶液应经过过滤或彻底澄清,防止堵塞雾化器。金属雾化器的进样毛细管堵塞时,可用软细金属丝疏通。对于玻璃雾化器的进样毛细管堵塞,可用洗耳球从前端吹出堵塞物;也可以用洗耳球从进样端抽气,同时从喷嘴处吹水,洗出堵塞物。

(6) 经常保持雾室清洁、排液通畅。测定结束后应继续喷水 5～10 min,将其中残存的试样溶液冲洗出去。

(7) 空心阴极灯使用前应在工作电流条件下预热一段时间,使灯的发光强度达到稳定。预热时间随灯元素的不同而不同,一般在 20～30 min 以上。

(8) 为了使空心阴极灯的发射强度稳定,要保持空心阴极灯石英窗口洁净,不小心被沾污时,可用酒精棉擦拭。点亮空心阴极灯后要盖好灯室盖,测量过程中不要打开,以免外界环境破坏灯的热平衡。

(9) 元素灯长期不用,应定期(每隔 2～3 个月)做点燃处理,即在工作电流下点燃 1 h。若灯内有杂质气体,辉光不正常,可进行反接处理。

(10) 试样溶液的吸光度应在工作曲线的中部,否则应改变系列标准溶液浓度或改变被测试样溶液稀释倍数。

(11) 测定标准系列溶液时,应从低浓度依次向高浓度测定,每测完一份溶液都要用去离子水吸喷调零后,再测下一份溶液。

【拓展提高】

EDTA 滴定法测定氧化镁的含量

(1) 方法提要

以 NaOH 熔融-HCl 分解的方法制备试样溶液,分取一定体积的试样溶液,在酸性溶液中加入适量 KF,以抑制硅酸的干扰,然后在 pH>13 的强碱性溶液中,以三乙醇胺为掩蔽剂,用 CMP 混合指示剂,用 EDTA 标准滴定溶液滴定钙离子。另取一份相同体积的试样溶液,在 pH=10 的溶液中,以三乙醇胺、酒石酸钾钠为掩蔽剂,采用酸性铬蓝 K-萘酚绿 B 混合指示剂(简称 K-B 指示剂),以 EDTA

标准滴定溶液滴定,测定钙、镁的总含量,再用差减法求得氧化镁的含量。

（2）测定步骤

吸取 25.00 mL 试样溶液于 300 mL 烧杯中,加入 7 mL KF 溶液(20 g/L),搅拌并放置 2 min 以上,然后加水稀释至约 200 mL,加入 5 mL 三乙醇胺溶液(1+2)以及适量 CMP 混合指示剂,在搅拌的同时加入 KOH 溶液(200 g/L)至溶液出现绿色荧光后再过量 5～8 mL,用 EDTA 标准滴定溶液(0.15 mol/L)滴定至绿色荧光消失并且溶液呈红色,记录所消耗的 EDTA 标准滴定溶液的体积 V_1。吸取 25.00 mL 已制备好的试样溶液于 300 mL 烧杯中,稀释至 150～200 mL,加 15 滴酒石酸钾钠(100 g/L)、5 mL 三乙醇胺(1+2),搅拌,加入 20 mL 氨-氯化铵缓冲溶液(pH=10),再加入适量的K-B指示剂,用 0.015 mol/L 的 EDTA 标准滴定溶液滴定至溶液呈纯蓝色,记录所消耗的 EDTA 标准滴定溶液的体积 V_2。

（3）结果计算

氧化镁的质量百分数可以下式计算：

$$\omega_{MgO} = \frac{(V_2 - V_1) \times c_{EDTA} \times M_{MgO} \times n}{m \times 1000} \times 100\%$$

式中　c_{EDTA}——EDTA 标准滴定溶液的浓度,mol/L；

　　　V_2——滴定中测定氧化钙时所消耗的 EDTA 标准滴定溶液的体积,mL；

　　　V_1——滴定中测定氧化钙、氧化镁总含量时所消耗的 EDTA 标准滴定溶液的体积,mL；

　　　M_{MgO}——氧化镁的摩尔质量,g/mol；

　　　n——试样溶液与分取溶液的体积比；

　　　m——试样的质量,g。

任务 5　水泥中碱含量的测定
（火焰光度法）

【任务描述】

根据国家标准《水泥化学分析方法》(GB/T 176—2008)中规定的氧化钾(K_2O)和氧化钠(Na_2O)含量的测定方法,利用火焰光度法完成水泥中氧化钾(K_2O)和氧化钠(Na_2O)含量的测定。通过本任务的训练,使学生理解火焰光度法测定氧化钾(K_2O)和氧化钠(Na_2O)含量的基本原理,能够规范操作火焰光度计,熟练制备标准系列溶液,利用工作曲线法完成试样中碱含量的测定。

【任务解析】

水泥的碱含量是指水泥中钠、钾元素含量总和,以氧化钠(Na_2O)当量计,通常用 R_2O 表示。碱含量 $w_{R_2O} = w_{Na_2O} + 0.658w_{K_2O}$。

水泥中的碱会对水泥的性能产生影响。在水泥水化时,水泥中碱溶出得快,能增加液相的碱度,加快水化速度,激发水泥中混合材的活性,提高水泥的早期强度。但碱含量较高时,水泥中的碱能和混凝土活性集料发生碱集料反应,产生局部膨胀,引起混凝土开裂变形,甚至崩溃;另外,碱含量较高时,水泥水化产生的氢氧化钠和氢氧化钾会消耗石膏,破坏石膏的缓凝机理,使水泥产生早凝、结块现象及需水量增加;水泥中碱含量较高时,水泥后期强度提高得也比较缓慢。

水泥中的碱主要来源于生产水泥的原料,尤其是黏土。在熟料煅烧过程中,原料中的碱一部分挥发,剩余部分存在于熟料玻璃体中,还有可能形成含碱矿物。由于含钾、钠的矿物在高温时会挥发,遇冷则聚沉,原料中碱含量高时,会因挥发而堵塞管道(如窑外分解旋风预热器),同时对水泥的性能及应用会产生影响。因此,测定水泥及其原材料中钾、钠的含量对于水泥生产控制和热工制度具有重要意义。

国家标准《通用硅酸盐水泥》(GB 175—2007)将碱含量列为选择性指标,当用户要求提供低碱水泥时,水泥中的碱含量($w_{R_2O} = w_{Na_2O} + 0.658w_{K_2O}$)不应大于 0.60%。在国家标准《水泥化学分析方法》(GB/T 176—2008)中,碱含量的测定方法有火焰光度法(基准法)和原子吸收光谱法(代用法)。本任务采用火焰光度法进行,该方法的基本思路是:

水泥试样经氢氟酸-硫酸蒸发处理除去硅,用热水浸取残渣,以氨水和碳酸铵分离铁、铝、钙、镁,滤液中的钾、钠用火焰光度计进行测定。

【相关知识】

1. 原子发射光谱分析

原子发射光谱分析是依据在热激发或电激发下,激发态的待测元素原子回到基态时发射的特征谱线对待测元素进行定性与定量分析的方法。

原子发射光谱分析具有以下优点:

● 多元素同时检测。可同时测定一个样品中的多种元素,每个样品一经激发后,不同元素都会发射特征光谱,这样就可同时测定多种元素。

● 分析速度快。若利用光电直读光谱仪,可在几分钟内同时对几十种元素进行定量分析。分析试样不经化学处理,固体、液体样品都可直接测定。

● 选择性好。每种元素因原子结构不同,发射的特征光谱各不相同。在分析化学上,这种性质上的差异,对于一些化学性质极相似的元素具有特别重要的意义。

● 检出限低。一般光源可达 $10\sim0.1\ \mu g/g$(或 $\mu g/mL$),绝对值可达 $1\sim0.01\ \mu g$,电感耦合高频等离子体(ICP)检出限可达 ng/g 级。

● 准确度较高。一般光源相对误差约为 $5\%\sim10\%$,ICP(电感耦合高频等离子体)相对误差可控制在 1% 以下。

● 试样消耗少。一般只需几毫克或零点几毫克的试样,就可以进行光谱全分析。

原子发射光谱分析也有其不足之处,如不适用于大多数非金属元素的测定,对于常见的非金属元素,如氧、硫、氮、卤素等谱线在远紫外光区,目前一般的光谱仪尚无法检测;还有一些非金属元素,如P、Se、Te 等,由于其激发电位高,使得测定的灵敏度较低。另外,原子发射光谱分析只能用于元素分析,而不能确定元素在样品中存在的化合物状态。

(1) 原子发射光谱分析的定性依据

由于处于激发态的原子是不稳定的,其寿命小于 10^{-8} s,外层电子就会从高能级向较低能级或基态跃迁,同时释放出多余的能量,并以光的形式辐射出来,因此产生了原子发射光谱。发射谱线的波长与能量的关系如下:

$$\Delta E = E_2 - E_1 = h \times \frac{c}{\lambda}$$

因此,发射谱线是不连续的,也为线光谱。由于各种元素的原子结构不同,能级间的能量差也各不相同,所产生的发射光谱也就不同,因此每一种元素的原子都有它自己的特征光谱线。

原子发射光谱分析就是根据这些特征谱线是否出现,来判断是否存在某种元素的,这是原子发射光谱分析定性分析的基本依据。

(2) 原子发射光谱分析的定量依据

在一定条件下,发射光谱特征谱线的强度与试样中待测元素的含量有关,含量越高,则发射强度越大。在大多数情况下,谱线强度与被测元素浓度间存在如下关系:

$$I = abc \hspace{8cm} (2\text{-}5\text{-}1)$$

式中　I——谱线强度;

　　　　c——待测元素的浓度或含量;

　　　　a,b——在一定条件下为常数,a 与激发条件、溶液组成、仪器性能等许多因素有关,b 为谱线的自吸系数,当元素含量很低时,$b\approx1$。

在实际分析过程中,通常采用上式的对数形式,只要 a、b 为常数,就可以得到 $\lg I$—$\lg c$ 的线性工作曲线,这就是原子发射光谱分析定量分析的基础。

2. 火焰光度法

火焰光度法是用火焰激发被测元素,并以光电系统测量被激发元素所产生的谱线强度的一种分析方法。由于火焰激发的能量较低,因而特别适用于较易被激发的碱金属及碱土金属元素的测定。

目前,火焰光度法已广泛应用于人体组织及血液、石油、食品、土壤、植物、金属、矿石等各种物质及产品中钾、钠含量的测定。

火焰光度法的基本原理与其他原子吸收光谱分析在本质上没有多大区别,仍属于原子吸收光谱分析的范畴,其基本分析过程是:

将试样溶液通过喷雾器,以气溶胶状态进入火焰光源中燃烧,在火焰热能的作用下,试样中被测元素经过蒸发、原子化、激发等过程,发射出复合光,发射的复合光经单色器分离出待测元素的特征谱线,然后用光电检测系统测量其强度。

（1）定量分析方法

① 标准曲线法

预先配制一系列待测元素的标准溶液,用火焰光度计分别测定待测元素的辐射强度,并以检流计读数与对应的浓度绘制成工作曲线(见图 2-5-1),然后在与绘制工作曲线时相同的测定条件下,测出试样溶液的读数,再从工作曲线上查得相应的浓度,并算出被测元素的百分含量。

由图 2-5-1 可见,K_2O、Na_2O 标准曲线的弯度有所不同,其中 Na_2O 标准曲线的弯度较大。而图 2-5-2 则表明,同种元素的标准曲线的弯度随浓度的增高而变大。

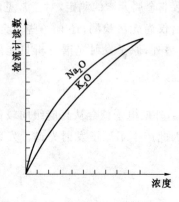

图 2-5-1　K_2O、Na_2O 标准曲线

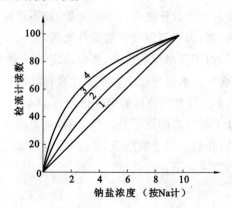

图 2-5-2　不同浓度范围的钠盐标准曲线

1—10 $\mu g/mL$ 达满标度；2—100 $\mu g/mL$ 达满标度；

3—1000 $\mu g/mL$ 达满标度；4—10000 $\mu g/mL$ 达满标度

产生这种情况是由于谱线自吸现象所引起的,浓度越大,自吸现象越严重。要改善这种自吸现象,最简单的办法是将溶液稀释,稀释度愈高,火焰四周冷原子的数目就愈少,因而自吸的倾向也就愈低。但是这个方法并不妥善,因为过度的稀释会给测定带来较大的误差。

② 标准加入法

对于试样中干扰元素比较复杂,或配制与试样组成相似的标准溶液有困难时,可采用标准加入法。

具体方法为:取同体积试液两份,在一份试液中加入已知量的待测元素,另一份不加,然后将两份试液稀释到相同体积,分别测量其光强读数,用下式计算待测元素的浓度:

$$c_x = \frac{I_x - I_0}{I_{x+s} - I_x} \times c_s \tag{2-5-2}$$

式中　c_x——待测元素的浓度；

　　　I_x——试样中待测元素的光强；

　　　I_0——空白值；

　　　I_{x+s}——添加已知量的待测元素后的光强；

　　　c_s——添加元素在溶液中的浓度。

（2）火焰光度计

火焰光度分析所使用的仪器称为火焰光度计。市售仪器有多种型号,大体上都是由燃烧系统、单色器(色散系统)和检测器三部分组成,如图 2-5-3 所示。

① 燃烧系统

燃烧系统的作用是使待测元素激发而辐射出特征光谱。燃烧系统主要由喷雾器、燃烧器及燃气和助燃气调节器等部分组成。喷雾器的作用是利用高速气流将实验溶液制成细雾滴；燃烧器主要是通过火焰的热能,将试样雾滴蒸发、原子化和激发；燃气和助燃气调节器的主要作用是提供恒定的燃气及助燃气流量,确保获得稳定的火焰及稳定的实验溶液吸入速度。

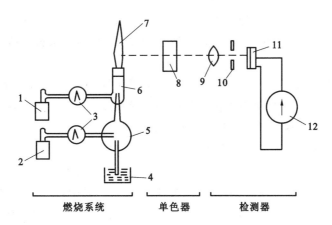

图 2-5-3　火焰光度计结构示意图

1—燃料气；2—阻燃气；3—压力表；4—试液杯；5—喷雾器；6—喷灯；7—火焰；

8—滤色片；9—聚光镜；10—光圈；11—光电池；12—检流计

　　为了获得准确的分析结果，所用火焰必须具有良好的稳定性和足够高的温度，避免被测元素发生电离。在碱金属元素的测定中，常用的火焰类型有液化石油气-空气火焰、汽油-空气火焰及煤气-空气火焰，最常用的是液化石油气-空气火焰，其温度约为 1800 ℃。

　　② 单色器

　　单色器的主要作用是将从燃烧系统发射出来的复合光，色散分离出被测元素的特征光谱。火焰光度计的单色器通常使用滤光片。

　　③ 检测器

　　检测器的作用是接收单色器分离出来的光信号并将其转变为电信号，然后输入检流计指示出来。火焰光度计的检测器通常使用光电池或光电管。

　　(3) 影响测定准确度的因素

　　① 激发情况不稳定的影响

　　燃料气体及助燃气体压力的改变，会直接影响火焰的大小、火焰温度的高低以及试样溶液的喷雾量。因此，在测定过程中这两种气体的压力必须保持稳定，而且在测定试样溶液与标准溶液时的压力应一致，否则将严重影响分析结果的准确度。如用压缩机供给空气，为防止气流压力产生波动，可装设一个气体缓冲瓶，对稳定气流压力会有所改善。此外，为保持喷灯火焰的稳定，在试样溶液中不得有任何固体颗粒，以免堵塞喷嘴；雾化系统须保持清洁，在每批试样测定结束后，应以蒸馏水进行喷雾冲洗，每隔一段时间，必要时应以适宜的无机酸或有机溶剂清洗雾化器。

　　燃料气体质量的好坏，对测定有明显影响。如燃料气体中挥发成分的沸点不一，则所得火焰甚不稳定，致使检流计读数不易得到稳定的数值。若以汽油为燃料，用汽油汽化器供给燃料气体时，应选用质量较好的溶剂汽油。

　　② 试样溶液组成改变的影响

　　在实际分析中，由于试样成分比较复杂，以及在制备试样溶液的过程中带入许多试剂，因此试样溶液一般均比标准溶液的组成复杂得多。这些共存组分(包括在火焰中不产生辐射的物质)的存在，会对测定结果的准确度产生不同程度的影响。例如试样溶液中钙的存在，就会对钠的测定结果引入正误差，这是因为钠的滤色片不能将钙的辐射完全滤去；磷酸盐的存在，对钙的辐射会有显著的抑制作用，这是由于两者形成了被激发程度很小的磷酸钙；大量酸类和盐类的存在，会降低喷雾的蒸发速率，使被测元素的辐射强度降低。

　　此外，溶液的表面张力、黏度和密度的改变，也会影响溶液的雾化情况和喷雾量，使被激发元素的谱线强度增强或减弱。

　　综上所述,为避免或减小由于试样溶液组成的改变而使测定结果产生误差,配制标准溶液与被测溶液时要注意尽量含有相同的基体组成,使标准溶液和被测溶液的组成彼此接近。

　　③ 仪器误差的影响

　　仪器的误差是多种多样的。例如,所用滤光片的选择性差,使试样溶液中干扰元素的谱线也部分透过滤光片而引起分析结果偏高;光电池由于其周围气流温度的改变而导致光电效应灵敏度发生变化,或因连续使用过久产生"疲劳"现象,都会对测定引入偏差。

　　火焰光度分析法中的干扰现象是多方面的,在实际工作中除应注意掌握仪器的性能和控制适当的操作条件外,还应对某些干扰因素进行抑制或消除。抑制干扰的方法很多,如稀释法、校正曲线法、标准加入法、辐射缓冲法、化学分离法、抑制干扰法、内标法等。其中,适用性最好的是化学分离法,虽然操作手续稍烦琐,但常是颇有成效的。例如,测定水泥及其原材料中的钾、钠含量时,为消除硅、铁、铝、钙、镁的干扰,先用氢氟酸-硫酸加热除去硅,然后用氨水沉淀铁、铝,再用碳酸铵沉淀钙、镁,可取得较好的效果。

3. FP-640 型火焰光度计(图 2-5-4)使用方法

　　(1) 开机

　　接通电源,打开电源开关,启动空气压缩机,使压力表逐渐上升至 0.15 MPa 左右。打开进样开关,将吸液管插入蒸馏水中,观察废液皿内是否有溶液流出,烟罩上方是否有水雾飘出,若有则表示仪器进样雾化正常。

图 2-5-4　FP-640 型火焰光度计

　　(2) 点火、预热

　　打开液化气,进样开关置于"开"处,一边按下点火按钮,一边逐渐打开燃气阀,并调节燃气阀,使火焰呈浅蓝色、锥形、底部稍带弯曲的形状。盖上烟囱盖,适当调节燃气阀,使火焰呈稳定状态。

　　采用蒸馏水连续进样,使仪器预热约 30 min。

　　(3) 标定与测量

　　① 利用工作曲线法进行测定

　　以蒸馏水进样,用低标旋钮调节显示为"0";以最高浓度标准溶液进样,用高标旋钮调节显示为溶液浓度值。

　　再放蒸馏水用低标旋钮调"0";最高浓度标准溶液进样,高标旋钮调节显示为其浓度值。如此反复调整,直至蒸馏水进样显示为"0",最高浓度标准溶液进样显示为其浓度值。

　　用其他标准溶液进样,记录仪器显示读数,根据显示数值及溶液浓度,绘制工作曲线。

　　用被测溶液进样,记录读数。根据读数,在工作曲线上查出被测溶液的浓度。

② 利用低高标测定法进行测定

配制低标溶液和高标溶液。低标溶液浓度应略低于被测溶液浓度,高标溶液浓度应略高于被测溶液浓度。

用低标溶液进样,调节"低标"旋钮,使仪器显示数值为其浓度值;以高标溶液进样,调节"高标"旋钮,使仪器显示数值为其浓度值。按此方法反复调整,直至仪器显示数值与低、高标溶液浓度一致。

用待测样品溶液进样,记录读数,即为被测溶液的浓度值。

注意:被测溶液浓度应处于低、高标溶液浓度范围以内,且低、高标溶液浓度范围越小,测定误差越小。

(4) 关机

测完样品后,用蒸馏水进样,空烧 5 min 左右,关闭液化气开关阀,然后切断仪器和压缩机电源。

【任务实施】

1. 任务准备

(1) 试剂

试剂名称	规格	试剂名称	规格	试剂名称	规格
氯化钾(KCl)	基准试剂	氢氟酸(HF)	分析纯(A.R)	盐酸(HCl)	分析纯(A.R)
氯化钠(NaCl)	基准试剂	硫酸(H_2SO_4)	分析纯(A.R)	碳酸铵[$(NH_4)_2CO_3$]	分析纯(A.R)
甲基红	分析纯(A.R)	氨水($NH_3 \cdot H_2O$)	分析纯(A.R)	95%乙醇(C_2H_5OH)	分析纯(A.R)

(2) 仪器

名称	规格	名称	规格	名称	规格
火焰光度计	FP-640型	移液管	25 mL、10 mL	分析天平	0.0001 g
烧杯		容量瓶	100 mL、250 mL、500 mL、1000 mL	托盘天平	0.1 g
电热板		试剂瓶		量筒	
铂皿		干燥器		称量瓶	
干燥箱		长颈漏斗		滤纸	

(3) 试剂与溶液的制备

盐酸(1+1):将 1 份体积浓盐酸(HCl)与 1 份体积水混合。

硫酸(1+1):将 1 份体积浓硫酸(H_2SO_4)与 1 份体积水混合。

氨水(1+1):将 1 份体积浓氨水($NH_3 \cdot H_2O$)与 1 份体积水混合。

碳酸铵溶液(100 g/L):将 10 g 碳酸铵[$(NH_4)_2CO_3$]溶解于 100 mL 水中,用时现配。

甲基红指示剂溶液(2 g/L):将 0.2 g 甲基红溶于 100 mL 乙醇中。

氧化钾、氧化钠标准溶液(1 mg/mL):称取 1.5829 g 已于 105~110 ℃下烘过 2 h 的氯化钾(KCl,基准试剂或光谱纯)及 1.8559 g 已于 105~110 ℃下烘过 2 h 的氯化钠(NaCl,基准试剂或光谱纯),精确至 0.0001 g,置于烧杯中,加水溶解后,移入 1000 mL 容量瓶中,用水稀释至标线,摇匀。贮存于塑料瓶中。此标准溶液相当于每毫升含 1 mg 氧化钾及 1 mg 氧化钠。

（4）分析试样的准备

试样应具有代表性和均匀性。采用四分法或缩分器将试样缩分至约 100 g，经 80 μm 方孔筛筛析，用磁铁吸去筛余物中的金属铁，将筛余物研磨后使其全部通过孔径为 80 μm 的方孔筛，充分混匀，装入试样瓶中，密封保存，供测定用。

2. 实施步骤

（1）试样的分解

称取约 0.2 g 试样（m_s），精确到 0.0001 g，置于铂皿中，用少量水润湿，加 5～7 mL 氢氟酸及 15～20 滴硫酸（1＋1），放入通风橱内低温电热板上加热，近干时摇动铂皿，以防溅失，待氢氟酸驱尽后逐渐升高温度，继续将三氧化硫白烟驱尽，当三氧化硫白烟驱尽时，立即取下放冷。加入 40～50 mL 热水，压碎残渣使其溶解，加 1 滴甲基红指示剂溶液（2 g/L），用氨水（1＋1）中和至溶液呈黄色，再加入 10 mL 碳酸铵溶液（100 g/L），搅拌，然后放入通风橱内电热板上加热至沸并继续微沸 20～30 min。用快速滤纸过滤，以热水充分洗涤，滤液及洗液收集于 100 mL 容量瓶中，冷却至室温。用盐酸（1＋1）中和至溶液呈微红色，用水稀释至标线，摇匀。

（2）工作曲线的绘制

吸取每毫升含 1 mg 氧化钾及 1 mg 氧化钠的标准溶液 0 mL、2.50 mL、5.00 mL、10.00 mL、15.00 mL、20.00 mL 分别放入 500 mL 容量瓶中，用水稀释至标线，摇匀，贮存于塑料瓶中。将火焰光度计调节至最佳工作状态，按仪器使用规定进行测定。

用测得的读数作为相应的氧化钾和氧化钠含量的函数，绘制工作曲线。

（3）试样的测定

在火焰光度计上，按仪器操作规程在与工作曲线绘制时相同的仪器条件下，进行试样溶液的测定。根据试样溶液测定读数值，在工作曲线上分别查出氧化钾和氧化钠的含量。

3. 数据记录与结果计算

（1）数据记录

<table>
<tr><td rowspan="2">标准溶液
制备</td><td colspan="2">K₂O 质量：_____ g</td><td colspan="2">Na₂O 质量：_____ g</td><td colspan="3">定容体积：_____ mL</td></tr>
<tr><td colspan="2">K₂O 标准溶液浓度：_____ mg/mL</td><td colspan="5">Na₂O 标准溶液浓度：_____ mg/mL</td></tr>
<tr><td>试样分解</td><td colspan="3">试样质量：_____ g</td><td colspan="4">定容体积：_____ mL</td></tr>
<tr><td>仪器工作
条件说明</td><td colspan="7"></td></tr>
<tr><td rowspan="6">工作曲线
绘制</td><td>样品编号</td><td>1</td><td>2</td><td>3</td><td>4</td><td>5</td><td>6</td><td>7</td></tr>
<tr><td>移取标准溶液体积（mL）</td><td></td><td></td><td></td><td></td><td></td><td></td><td></td></tr>
<tr><td>K₂O 含量（mg /100 mL）</td><td></td><td></td><td></td><td></td><td></td><td></td><td></td></tr>
<tr><td>K₂O 含量仪器读数值</td><td></td><td></td><td></td><td></td><td></td><td></td><td></td></tr>
<tr><td>Na₂O 含量（mg /100 mL）</td><td></td><td></td><td></td><td></td><td></td><td></td><td></td></tr>
<tr><td>Na₂O 含量仪器读数值</td><td></td><td></td><td></td><td></td><td></td><td></td><td></td></tr>
<tr><td rowspan="2">试样测定</td><td colspan="4">被测溶液读数值：_____</td><td colspan="4">试样溶液浓度：_____ mg/100 mL</td></tr>
<tr><td colspan="8">$w_{K_2O}=$　　　　　　　　　　　　$w_{Na_2O}=$

$w_{R_2O}=$</td></tr>
</table>

（2）结果计算

试样中 K_2O、Na_2O 的质量百分数按下式计算：

$$w_{K_2O} = \frac{m_{K_2O}}{m_s \times 1000} \times 100\%$$

$$w_{Na_2O} = \frac{m_{Na_2O}}{m_s \times 1000} \times 100\%$$

式中　w_{K_2O}——K_2O 的质量百分数，%；

　　　　w_{Na_2O}——Na_2O 的质量百分数，%；

　　　　m_{K_2O}——工作曲线上查得的 100 mL 测定溶液中 K_2O 的含量，mg；

　　　　m_{Na_2O}——工作曲线上查得的 100 mL 测定溶液中 Na_2O 的含量，mg；

　　　　m_s——试样的质量，g。

试样中碱含量按下式计算：

$$w_{R_2O} = 0.658 w_{K_2O} + w_{Na_2O}$$

【任务小结】

（1）测定时要保证燃气与助燃气的压力稳定，这样才能够保证火焰稳定，同时保证试样溶液进样量稳定。

（2）标准溶液不宜放置太久，以免产生霉菌，使其浓度发生变化，每次使用前应充分摇匀。

（3）标准溶液与被测溶液要同时进行测定，以使两者的测定条件完全一致，提高测定的准确性。

（4）分解试样时，加入硫酸的量要充足。所加硫酸的量应满足各阳离子完全形成硫酸盐的需要，如果硫酸加入量不足，易形成氟化物，并紧密包裹同时形成的溶解度较小的氟铝酸钠或氟化钠，当用水浸取残渣时，被包裹在沉淀中的钠盐不能很快地被浸取到溶液中，而随后用氨水和碳酸铵分离铁、铝、钙、镁时，未被浸出的钠盐又被包裹在新的沉淀中被过滤除去，造成钠的测定结果偏低。

（5）量取氢氟酸（HF）时应使用塑料量筒或量杯，以免 HF 腐蚀玻璃器皿引入被测离子，使测定结果偏高。

（6）加热驱除 HF 时，必须在通风橱内进行，当三氧化硫（SO_3）白烟驱尽时，应立即取下，加热时间不宜过长。加热过程中，应不时摇动铂皿，以防止试样溶液溅失。

（7）注意试样称取量与被测溶液的稀释程度。对于碱含量较低的试样，如水泥、熟料、生料、石灰石等，一般称取 0.2 g 试样，最后溶液稀释至 100 mL；对于碱含量较高的试样，如黏土、粉煤灰、页岩、窑灰等，一般称取 0.1～0.15 g 试样，最后溶液稀释至 250 mL。

（8）保持被测溶液与标准溶液的组成尽可能一致。在实际分析中，由于试样组成比较复杂，同时在制备试样溶液的过程中会带入某些酸和盐，因此，试样溶液一般均比标准溶液的组成复杂得多，尤其是当有干扰物质存在时，会对测定结果的准确度产生不同程度的影响。为避免由于试样溶液组成的改变而使测定结果产生误差，通常应使被测溶液与标准溶液的组成彼此相互接近。

（9）钙离子的存在对氧化钠的测定影响较大。因为钠的滤光片不能将钙的辐射完全滤去，通常在用氢氟酸-硫酸分解试样后，通过加入氨水和碳酸铵，将钙、镁、铝、铁等元素沉淀后，过滤除去。在消除钙离子干扰的同时，也可使被测溶液的组成与标准溶液尽可能接近。

【任务拓展】

原子吸收光谱法测定氧化钾、氧化钠含量

1. 方法提要

用氢氟酸-高氯酸分解试样,以锶盐消除硅、铝、钛的化学干扰,在空气-乙炔火焰中,用钾元素空心阴极灯在 766.5 nm 处和钠元素空心阴极灯在 589.0 nm 处分别测定钾、钠的吸光度。

2. 测定步骤

(1) 试样的分解

称取约 0.1 g 试样(m_s),精确至 0.0001 g,置于铂坩埚(或铂皿)中,用 0.5~1 mL 水润湿,加入 5~7 mL 氢氟酸和 0.5 mL 高氯酸,放入通风橱内低温电热板上加热,近干时摇动坩埚以防溅失。待白色浓烟驱尽后,取下冷却。加入 20 mL 盐酸(1+1),温热至溶液澄清,冷却后,移入到 250 mL 容量瓶中,加 5 mL 氯化锶溶液(50 g/L),用水稀释至标线,摇匀。

(2) 工作曲线的绘制

吸取每毫升含 0.05 mg 氧化钾及 0.05 mg 氧化钠的标准溶液 0 mL、2.50 mL、5.00 mL、10.00 mL、15.00 mL、20.00 mL、25.00 mL 分别放入 500 mL 容量瓶中,加入 30 mL 盐酸及 10 mL 氯化锶溶液(50 g/L),用水稀释至标线,摇匀。将原子吸收光谱仪调节至最佳工作状态,在空气-乙炔火焰中,分别以水校零测定溶液的吸光度,用测得的吸光度作为相对应的氧化钾和氧化钠含量的函数,绘制工作曲线。

(3) 试样溶液的测定

从试样溶液中吸取一定量的试液移入容量瓶中(试样溶液的分取量及容量瓶的容积视 R_2O 的含量而定),加入盐酸(1+1)及氯化锶溶液(50 g/L),使测定溶液中盐酸的体积分数为 6%,锶的浓度为 1 mg/mL。用水稀释至标线,摇匀。用原子吸收光谱仪在空气-乙炔火焰中,用钾元素空心阴极灯于波长 766.5 nm 处,钠元素空心阴极灯于波长 589.0 nm 处,在与标准工作曲线绘制时相同的仪器条件下测定溶液的吸光度,在工作曲线上分别查出氧化钾和氧化钠的浓度。

3. 结果计算

K_2O、Na_2O 的质量百分数按下式计算:

$$w_{K_2O} = \frac{c_{K_2O} \times V \times n}{m_s \times 1000} \times 100\%$$

$$w_{Na_2O} = \frac{c_{Na_2O} \times V \times n}{m_s \times 1000} \times 100\%$$

式中 c_{K_2O}——被测溶液中 K_2O 的浓度,mg/mL;

c_{Na_2O}——被测溶液中 Na_2O 的浓度,mg/mL;

V——测量溶液的体积,mL;

n——全部试样溶液与所分取试样溶液的体积比;

m_s——试样的质量,g。

试样中碱含量按下式计算:

$$w_{R_2O} = 0.658 w_{K_2O} + w_{Na_2O}$$

项目3 煤质分析

项 目 描 述		本项目以水泥生产用煤为分析检测对象,选择煤的工业分析中的水分、灰分、挥发分和发热量为分析任务。通过项目任务的训练,使学生理解新型干法水泥生产对煤质的质量要求,掌握煤的工业分析方法及煤的发热量测定方法,能够根据相关国家标准,正确使用相关仪器与设备,规范完成煤的工业分析检测项目及发热量的测定
项 目 目 标	知 识 目 标	(1) 了解新型干法水泥生产对煤质的质量要求,理解生产用煤对生产过程及产品质量的影响; (2) 理解水分、灰分、挥发分及发热量等指标对煤的品质的影响; (3) 掌握煤的工业分析方法及氧弹法测定发热量的基本原理; (4) 掌握利用工业分析结果计算发热量的方法及煤的各种基准分析结果之间的换算; (5) 认识所用仪器与设备的组成部件及类型,理解仪器工作条件和测定条件的选择对测定结果的影响
	能 力 目 标	(1) 能规范使用干燥箱、高温炉、干燥器等分析辅助设备; (2) 能按标准分析方法的要求,进行煤的水分、灰分和挥发分的测定; (3) 能按要求调试、校准氧弹热量计,正确使用氧弹热量计进行煤的发热量的测定; (4) 能根据分析标准的要求,处理分析数据,进行分析结果的计算及不同基准之间的换算; (5) 能正确、规范填写原始记录、分析检验报告等表格
	素 质 目 标	(1) 确立安全、节约、环保的思想意识; (2) 培养科学严谨、认真负责的职业素养; (3) 养成客观公正、实事求是的职业习惯; (4) 能自觉遵守实验室的各项规章制度
项 目 任 务		任务1 煤的工业分析(水分、灰分和挥发分的测定) 任务2 煤的发热量测定(氧弹法)
项 目 实 施 要 求		项目分组实施,由组长负责组织实施,小组共同完成本项目2个检测任务。 任务实施要求:准备分析检测所需的仪器与设备;完成任务要求组分的分析测定;规范、及时地填写原始记录,完成数据的处理;提交分析检测报告

任务 1　煤的工业分析

（水分、灰分、挥发分的测定）

【任务描述】

根据国家标准《煤的工业分析方法》(GB/T 212—2008)的相关规定，完成空气干燥基煤样的水分、灰分和挥发分的测定，并根据分析结果，计算煤样的固定碳含量。通过本任务的训练，使学生理解煤的工业分析项目对煤的质量的影响，掌握水分、灰分和挥发分测定的基本原理及测定条件，能够按照国家标准规范进行煤的工业分析各项目的测定，完成分析结果的计算及不同基准之间的换算，熟练、规范操作所使用的仪器与设备。

【任务解析】

我国水泥工业大部分采用煤作为燃料来煅烧水泥熟料，常用的有烟煤、无烟煤、褐煤和焦炭等。在熟料煅烧过程中，煤除了供给形成水泥熟料所需的热量外，由于煤燃烧后产生的灰分绝大部分落入熟料中，从而影响水泥熟料的性质，所以煤又是水泥生产的一种"原料"，因而对水泥企业用煤进行质量控制是非常必要的。国家标准《水泥回转窑用煤技术条件》(GB/T 7563—2000)规定了水泥回转窑用煤的技术要求及实验方法，要求干燥基灰分 $A_d < 27.00\%$，干燥无灰基挥发分 $V_{daf} > 25.00\%$，实验方法依据《煤的工业分析方法》(GB/T 212—2008)。

煤的工业分析，又称煤的技术分析或实用分析，是煤的水分(M)、灰分(A)、挥发分(V)和固定碳(FC)四个分析项目指标的测定的总称，通常煤的水分、灰分、挥发分是直接测出的，而固定碳则是用差减法计算出来的。煤的工业分析结果是了解煤质特性的主要指标，也是评价煤质优劣的基本依据。根据煤的工业分析结果，可以大致了解煤中有机质的含量及发热量的高低，从而初步判断煤的种类、性质、加工利用效果及工业用途，根据煤的工业分析数据还可计算煤的发热量。

对于煤的水分、灰分、挥发分的测定，国家标准《煤的工业分析方法》(GB/T 212—2008)提供了多种分析方法，其中水分的测定有三种方法：通氮干燥法（适用于所有煤种）、空气干燥法（适用于烟煤和无烟煤）和微波干燥法（适用于褐煤和烟煤）；灰分的测定有两种方法：缓慢灰化法（仲裁法）和快速灰化法；挥发分的测定只列有一种方法。本任务水分的测定选择空气干燥法，灰分的测定选择缓慢灰化法，具体方法提要如下：

(1) 水分的测定（空气干燥法）

称取一定量的空气干燥基煤样，置于105~110 ℃ 干燥箱中，在空气流中干燥到质量恒定，然后根据煤样的质量损失计算出水分的质量百分数。

(2) 灰分的测定（缓慢灰化法）

称取一定量的空气干燥基煤样于灰皿中，放入高温炉中，以一定速度加热到(815±10) ℃，灰化并灼烧到质量恒定。以残留物的质量占煤样的质量百分数作为煤样的灰分。

(3) 挥发分的测定

称取一定量的空气干燥基煤样，放在带盖的瓷坩埚中，在(900±10) ℃的温度下，隔绝空气加热7 min，以减少的质量占煤样的质量百分数，减去该煤样的水分含量作为煤样的挥发分。

【相关知识】

1. 煤质分析相关术语

(1) 煤的工业分析项目及符号

煤的工业分析包括空气干燥基煤样水分、灰分、挥发分和固定碳四个项目,其定义及符号见表 3-1-1。

表 3-1-1　煤的工业分析项目的定义及符号

项目名称	定　义	符号
空气干燥基煤样水分	在一定条件下,空气干燥基煤样(粒度小于 0.2 mm)在实验室中与周围空气湿度达到平衡时所含有的水分	M_{ad}
灰分	煤样在规定条件下完全燃烧后所得的残留物	A
挥发分	煤样在规定条件下隔绝空气加热,并进行水分校正后的质量损失	V
固定碳	从测定煤样的挥发分后的残渣中减去灰分后的残留物	FC

(2) 煤质分析结果的基准

在煤质分析实验中,煤样基准的含义是表示分析结果是以什么状态的试样为基础得出的。不同状态下的试样所包括的基础物质不同,因此就有不同的试样基准。水泥生产用煤的分析中常用的试样基准有四种,见表 3-1-2。

表 3-1-2　煤的基准含义及符号

术语名称	定　义	符号	曾用符号
空气干燥基	以与空气湿度达到平衡状态的煤为基准	ad	分析基 f
收到基	以收到状态的煤为基准	ar	应用基 y
干燥基	以假想无水状态的煤为基准	d	平基 g
干燥无灰基	以假想无水无灰状态的煤为基准	daf	可燃基 r

上述四种基准之间可以相互换算,其换算关系见表 3-1-3 所示。将相关数据代入表 3-1-3 所列的相应公式中,再乘以用已知基表示的某一分析值,即可求得以所要求的基表示的分析值(低位发热量的换算除外)。

表 3-1-3　不同基准之间的换算系数

系数　需要基　　已知基	空气干燥基(X_{ad})	收到基(X_{ar})	干燥基(X_d)	干燥无灰基(X_{daf})
空气干燥基(X_{ad})		$\dfrac{100-M_{ar}}{100-M_{ad}}$	$\dfrac{100}{100-M_{ad}}$	$\dfrac{100}{100-(M_{ad}+A_{ad})}$
收到基(X_{ar})	$\dfrac{100-M_{ad}}{100-M_{ar}}$		$\dfrac{100}{100-M_{ar}}$	$\dfrac{100}{100-(M_{ar}+A_{ar})}$
干燥基(X_d)	$\dfrac{100-M_{ad}}{100}$	$\dfrac{100-M_{ar}}{100}$		$\dfrac{100}{100-A_d}$
干燥无灰基(X_{daf})	$\dfrac{100-(M_{ad}+A_{ad})}{100}$	$\dfrac{100-(M_{ar}+A_{ar})}{100}$	$\dfrac{100-A_d}{100}$	

注:计算基准为 100 kg 煤。

2. 煤的水分

煤的水分,是煤炭计价中的一个辅助指标。水是煤中的杂质。煤的水分增加,煤中的有用成分就相对减少,在煤的燃烧过程中,水分蒸发吸热,会降低煤的发热量。此外,水分还能与燃烧气中的一些组分相互作用,产生对设备、管道、触媒等造成损害的物质。

(1) 游离水和化合水

煤中的水分按照存在形态的不同分为两类,即游离水和化合水。游离水是以物理状态吸附在煤颗粒内部毛细管中和附着在煤颗粒表面的水分;化合水也称结晶水,是指以化合的方式同煤中的矿物质结合的水,如硫酸钙($CaSO_4 \cdot 2H_2O$)和高龄土($Al_2O_3 \cdot 2SiO_2 \cdot 2H_2O$)中的结晶水。游离水在 $105\sim110$ ℃的温度下经过 $1\sim2$ h 可蒸发掉,而结晶水通常要在 200 ℃以上才能分解析出。

煤的工业分析中只测定游离水,不测结晶水。

(2) 外在水分和内在水分

煤的游离水分又分为外在水分和内在水分。

外在水分(M_f):又称自由水分或表面水分,是附着在煤颗粒表面的水分。此类水分是在开采、贮存及洗煤时带入的。外在水分很容易在常温下的干燥空气中蒸发,蒸发到煤颗粒表面的水蒸气压与空气的湿度平衡时就不再蒸发了,所以这类水分又称为风干水分。

内在水分(M_{inh}):是指吸附在煤颗粒内部毛细孔中的水分,由于毛细孔的吸附作用,这部分水的蒸气压低于纯水的蒸气压,故较难蒸发除去。内在水分需在 100 ℃以上的温度经过一定时间才能蒸发,故又称为烘干水分。

(3) 全水分(M_t)

煤中的全水分,是指煤中全部的游离水分,即煤中的外在水分和内在水分之和。用符号"M_t"表示。

需要指出的是,实验室里测试煤的全水分时所测的煤的外在水分和内在水分,与上面所讲的煤中不同结构状态下的外在水分和内在水分是完全不同的。实验室里所测的外在水分是指煤样在空气中并同空气湿度达到平衡时失去的水分,这时吸附在煤毛细孔中的内在水分也会相应地失去一部分,其数量随当时空气湿度的降低和温度的升高而增大;当煤样达到空气干燥状态时,保留在煤样中的水分为实验室测得的内在水分。显然,实验室测试的外在水分和内在水分,除与煤中不同结构状态下的外在水分和内在水分有关外,还与测试时空气的湿度和温度有关。

(4) 空气干燥基煤样水分(M_{ad})

空气干燥基煤样水分是指空气干燥基煤样(粒度小于 0.2 mm)在规定条件下测得的水分,用符号"M_{ad}"表示。煤的工业分析所测水分为空气干燥基煤样水分。

水泥生产用煤通常需测定进厂煤的全水分(M_t)、生产过程中使用的煤的收到基煤样水分(M_{ar})和煤的工业分析测定空气干燥基煤样水分(M_{ad})。

3. 煤的灰分

煤的灰分是指在规定条件下煤中所有可燃物质完全燃烧,以及煤中矿物质在一定温度下产生一系列分解、化合等反应后剩余的残渣,用符号"A"表示。

煤的灰分全部来自矿物质,但它们的组成、质量等与煤中的矿物质不同,是矿物质在空气中经过一系列复杂的化学反应后剩余的残渣,因此,确切地说,煤的灰分应称为"灰分产率"。工业上常常通过测定灰分产率来估算煤中矿物质的含量。煤的灰分是一种废物,灰分产率高,则煤的可燃成分必然少,因此,测定煤的灰分对煤的质量评定有重要意义。

根据形成煤灰分的矿物质的来源不同,煤的灰分分为内在灰分和外来灰分两种。

（1）内在灰分

由原始成煤植物中的矿物质和由成煤过程进入煤层的矿物质所形成的灰分称为内在灰分。生成内在灰分的矿物质主要包括原生矿物质和次生矿物质。原生矿物质，是成煤植物本身所含的矿物质，其含量一般不超过 $1\%\sim2\%$；次生矿物质，是成煤过程中泥炭沼泽液中的矿物质与成煤植物遗体混在一起成煤而留在煤中的物质，次生矿物质的含量一般也不高，但变化较大。生成内在灰分的矿物质只能用化学方法将其从煤中分离出去。

（2）外来灰分

由煤炭生产过程混入煤中的矿物质所形成的灰分称为外来灰分。外来矿物质主要是在采煤和运输过程中混入煤中的矸石，可通过洗涤的方法将其从煤中分离出去。

煤的灰分是煤炭的计价指标之一。在灰分计价中，灰分是计价的基础指标；在发热量计价中，灰分是计价的辅助指标。

4. 煤的挥发分

煤的挥发分是煤样在规定条件下隔绝空气加热，并进行水分校正后的质量损失，用符号"V"表示。挥发分不是煤中的固有物质，而是在特定条件下，煤的有机质经过一系列反应后形成的产物，因此，又称之为"挥发分产率"，而不是"挥发分含量"。

煤样在测定挥发分后的残留物称为焦渣，根据焦渣的黏结、结焦性状，将焦渣特征分为 8 类：

粉状（1 型）：全部是粉末，没有相互黏着的颗粒。

黏着（2 型）：用手指轻碰即成为粉末状或基本上是粉末状，其中较大的团块轻轻一碰即成粉末。

弱黏结（3 型）：用手指轻压即成小块。

不熔融黏结（4 型）：用手指用力压才裂成小块，焦渣上表面无光泽，下表面稍微有银白色金属光泽。

不膨胀熔融黏结（5 型）：焦渣形成扁平的块，煤粒的界限不易分清。焦渣上表面有明显的银白色金属光泽，下表面银白色金属光泽更明显。

微膨胀熔融黏结（6 型）：用手指压不碎，焦渣的上、下表面均有银白色金属光泽，但是焦渣表面具有较小的膨胀泡。

膨胀熔融黏结（7 型）：焦渣上、下表面均有银白色金属光泽，明显膨胀，但高度不超过 15 mm。

强膨胀熔融黏结（8 型）：焦渣上、下表面均有银白色金属光泽，焦渣高度超过 15 mm。

煤的挥发分产率反映了煤的成煤程度，据此可以初步判断煤的种类和用途。挥发分产率高的煤在干馏时得到的化学产品的量必然多，适用于煤焦油工业。根据残留焦渣的性质，可估计煤是否适用于炼焦及估算焦炭的产量。

因此，挥发分产率是判断煤质的重要指标之一。世界各国的测定方法、规范不尽相同，从而使其测定结果也各有差别，但各国均以煤的挥发分产率作为煤的第一分类指标。

5. 煤的固定碳

煤的固定碳是指从测定煤样的挥发分后的残渣中减去灰分后的残留物，用符号"FC"表示。固定碳和挥发分一样不是煤中固有的成分，而是热分解产物。在组成上，固定碳除含有碳元素外，还包含氢、氧、氮和硫等元素。因此，固定碳与煤中有机质的碳元素含量是两个不同的概念，绝不可混淆。

在煤的工业分析中，固定碳一般不直接测定，而是通过计算获得。在测定空气干燥基煤样的水分、灰分和挥发分后，由下式计算煤的固定碳含量：

$$FC_{ad} = 100\% - (M_{ad} + A_{ad} + V_{ad}) \tag{3-1-1}$$

式中　FC_{ad}——空气干燥基煤样的固定碳含量，%；

M_{ad}——空气干燥基煤样的水分含量,%;

A_{ad}——空气干燥基煤样的灰分产率,%;

V_{ad}——空气干燥基煤样的挥发分产率,%。

根据固定碳含量可以判断煤的煤化程度,从而进行煤的分类。固定碳含量越高,挥发分越低,煤化程度越高。固定碳也是煤的发热量的重要来源,固定碳含量越高,煤的发热量也越高,所以有些国家将固定碳含量作为煤发热量计算的主要参数。

【任务实施】

1. 任务准备

（1）仪器与设备

名称	规格	名称	规格	名称	规格
分析天平	0.0001 g	称量瓶（磨口带塞）	直径 40 mm;高 25 mm	灰皿	
挥发分坩埚		坩埚架		干燥器	
鼓风干燥箱		灰分测定仪		马弗炉	

（2）试样的准备

将煤样粉碎至粒度 3 mm 以下,使之全部通过孔径为 3 mm 的圆孔筛,用磁铁将煤样中的铁屑吸去,用缩分器直接缩分出不少于 100 g 的煤样,再粉碎到全部通过孔径为 0.2 mm 的筛子,在煤样达到空气干燥状态(在空气中连续干燥 1 h,煤样质量变化不超过 0.1%)后,装入煤样瓶中,作为空气干燥基煤样,进行煤的工业分析。

2. 实施步骤

（1）水分的测定(空气干燥法)

① 取粒度 0.2 mm 以下的空气干燥基煤样,在预先干燥至质量恒定的煤工业分析专用称量瓶内,称取(1±0.1) g 煤样(精确至 0.0002 g),平摊在称量瓶中。

② 打开称量瓶盖,放入预先已鼓风并加热到 105～110 ℃的干燥箱内,在一直鼓风的条件下,烟煤干燥 1 h,无烟煤干燥 1～1.5 h。

注:预先鼓风是为了使温度均匀。可将装有煤样的称量瓶放入干燥箱前 3～5 min 就开始鼓风。

③ 从干燥箱中取出称量瓶,立即盖上盖,放入干燥器中冷却至室温后(约 20 min)称量。

④ 进行检查性干燥,每次 30 min,直到连续两次干燥煤样的质量减少不超过 0.0010 g 或质量增加为止。在后一种情况下,采用质量增加前一次的质量为计算依据。水分在 2%以下时,不必进行检查性干燥。

（2）灰分的测定(缓慢灰化法)

① 取粒度 0.2 mm 以下的空气干燥基煤样,在预先灼烧至质量恒定的灰皿中,称取(1±0.1) g 煤样(精确至 0.0002 g),均匀摊平在灰皿中,使其每平方厘米的质量不超过 0.15 g。

② 将灰皿送入炉温不超过 100 ℃的灰分测定仪恒温区中,关上炉门并使炉门留有 15 mm 左右的缝隙。在不少于 30 min 的时间内将炉温缓慢升至 500 ℃,并在此温度下保持 30 min,然后继续升温到(815±10) ℃,并在此温度下灼烧 1 h。

③ 从炉中取出灰皿,放在耐热瓷板或石棉板上,在空气中冷却 5 min 左右,移入干燥器中冷却至室温后(约 20 min)称量。

④ 进行检查性灼烧。温度为(815±10) ℃,每次 20 min,直到连续两次灼烧后的质量变化不超过 0.0010 g 为止。以最后一次灼烧后的质量为计算依据。灰分含量小于 15%时,不必进行检查性灼烧。

(3) 挥发分的测定

① 取粒度 0.2 mm 以下的空气干燥基煤样,在预先灼烧至质量恒定的专用挥发分瓷坩埚中,称取(1±0.1) g 煤样(精确至 0.0002 g),然后轻轻振动坩埚,使煤样摊平,盖上坩埚盖,放在坩埚架上。对褐煤和长焰煤应预先压饼,并切成约 3 mm 的小块。

② 将马弗炉预先加热到 920 ℃左右,打开炉门,迅速将放有坩埚的托架送入恒温区,立即关上炉门并计时,准确加热 7 min。坩埚及托架放入后,要求炉温在 3 min 内恢复到(900±10) ℃,此后保持在(900±10) ℃,否则此次实验作废。加热时间包括温度恢复时间在内。

③ 从炉中取出坩埚,放在空气中冷却 5 min 左右,移入干燥器中冷却至室温后(约 20 min)称量。

3. 数据记录与结果计算

(1) 数据记录

分析项目		水分(M_{ad})		灰分(A_{ad})		挥发分(V_{ad})	
		第一份	第二份	第一份	第二份	第一份	第二份
器皿质量(g)							
器皿+煤样质量(g)							
煤样质量(g)							
加热后器皿+煤样质量(g)	第一次						
	第二次						
	第三次						
试样减少的质量(g)							
结果(%)							
平均值(%)							
煤样固定碳含量(%)							
煤样焦渣特性							

(2) 结果计算

煤样空气干燥基水分、灰分、挥发分及固定碳的质量百分数分别按式(3-1-2)、式(3-1-3)、式(3-1-4)和式(3-1-1)计算:

$$M_{ad} = \frac{m_1}{m_{s,1}} \times 100\% \tag{3-1-2}$$

$$A_{ad} = \frac{m_2}{m_{s,2}} \times 100\% \tag{3-1-3}$$

$$V_{ad} = \frac{m_3}{m_{s,3}} \times 100\% - M_{ad} \tag{3-1-4}$$

式中　M_{ad}——空气干燥基中煤样水分的质量百分数,%;

　　　A_{ad}——空气干燥基中煤样灰分的质量百分数,%;

　　　V_{ad}——空气干燥基中煤样挥发分的质量百分数,%;

　　　$m_{s,1}$,$m_{s,2}$,$m_{s,3}$——测定水分、灰分、挥发分时称量的煤样质量,g;

m_1——测定水分时,煤样烘干后失去的质量,g;

m_2——测定灰分时,煤样灼烧后残留物的质量,g;

m_3——测定挥发分时,煤样加热后减少的质量,g。

【任务小结】

1. 水分的测定

(1) 煤样粒度。测定不同煤样的水分,粒度要求不同。测定进厂煤的全水分时,粒度要破碎至 13 mm 以下;工业分析测定空气干燥基的水分时,粒度要在 0.2 mm 以下。

(2) 盛放煤样的容器要使用标准规定的矮型玻璃称量瓶,直径 40 mm,高 25 mm,带磨口塞。

(3) 加热时一定要一直鼓风,使烘箱中的水蒸气及时排至箱外,以免水蒸气在试样内外达到平衡,影响水分自煤样表面排出,使水分测定值偏低。

(4) 取出称量瓶后,要立即盖好盖,放入干燥器中,冷却至室温后称量。

(5) 应严格控制加热温度和加热时间:烟煤为 105～110 ℃,烘干 1 h;无烟煤为 105～110 ℃,烘干 1～1.5 h。

2. 灰分的测定

(1) 要使用标准灰皿,灰皿中的试样要摊平,且试样的厚度不得太大,每平方厘米煤样的质量不超过 0.15 g。

(2) 在灰化过程中如有煤样着火爆燃,则这份煤样作废,必须重新称样灰化。测定灰分的高温炉应有烟囱或通风孔,以使煤样在灼烧过程中能排出燃烧产物和保持空气的流通。

(3) 高温炉的控制系统必须指示准确,高温炉的温升能力必须达到测定灰分的要求。

(4) 灼烧灰化时间要严格控制,保证试样在(815±10)℃的温度下完全灰化,但随意延长灰化时间也是不利的。

(5) 要防止煤样中的硫对测定结果的影响。国家标准规定,将盛有煤样的灰皿放入高温区(815 ℃)加热前,先在加热至 500 ℃的高温炉中(留 15 mm 缝隙)加热 30 min,使煤样中的硫生成二氧化硫气体逸出。若直接放在 815 ℃条件下灰化,煤中的碳酸钙分解生成的氧化钙,会与硫生成的二氧化硫在氧化性气氛中生成硫酸钙,使灰分的测定结果偏高。

3. 挥发分的测定

(1) 测定温度应严格控制在(900±10)℃,要定期对热电偶进行严格的校正。定期测量高温炉恒温区的温度,测定时坩埚必须放在恒温区。

(2) 炉温应在 3 min 内恢复到(900±10)℃。因此,高温炉应经常验证其温度恢复速率是否符合要求,或手动控制。每次实验最好放同样数目的坩埚,以保证坩埚及其支架的热容量基本一致。

(3) 总加热时间(包括温度恢复时间)要严格控制在 7 min,用秒表计时。应掌握下述几个要点:将坩埚放入已升温至 920 ℃的高温炉中即开始计时;关好炉门,立即将温度控制器的预控温度调整至 900 ℃,炉温应在 3 min 内恢复至(900±10)℃,否则,此实验应作废;当加热至 6′50″时,做好准备,一旦到达 7 min,立即拉开炉门,快速将坩埚及其架子取出,在空气中冷却 5 min 左右,移入干燥器中冷却至室温后称量。

(4) 必须使用标准挥发分坩埚,其盖的下部能进入坩埚,可将坩埚内部与炉膛内的空气隔绝,以免空气中的氧气进入坩埚将固定碳氧化而使挥发分测定结果偏高。绝不能使用测定烧失量的普通坩埚来测定煤的挥发分。

(5) 挥发分坩埚要放在用镍铬丝焊成的符合标准要求的坩埚架上,使坩埚底部距离炉膛底板 20~30 mm,利用炉膛中的热气流对坩埚进行加热。不能将坩埚直接放在炉膛底板上加热,因为热电偶指示温度为炉膛内热气流的温度,与炉膛底板的温度有较大差异。

(6) 坩埚从高温炉中取出后,在空气中的冷却时间不宜过长,以防焦渣吸水。坩埚在称量前不能开盖。

4. 煤的工业分析实验条件

煤的工业分析是一个规范性很强的实验项目,所以必须严格控制实验条件,尤其是加热温度和加热时间。根据国家标准《煤的工业分析方法》(GB/T 212—2008)和《煤中全水分的测定方法》(GB/T 211—2007),将煤中全水分、工业分析空气干燥基水分、灰分及挥发分的测定条件作了归纳,见表 3-1-4。

表 3-1-4 煤的工业分析实验条件

分析项目		水分(M)		灰分(A)	挥发分(V)
煤样基准		全水分(M_t)	空气干燥基水分(M_{ad})	空气干燥基灰分(A_{ad})	空气干燥基挥发分(V_{ad})
煤样粒度(mm)		<13	<0.2	<0.2	<0.2
煤样质量(g)		500±10	1±0.1	1±0.1	1±0.1
加热温度(℃)	烟煤	105~110	105~110	815±10	900±10
	无烟煤				
加热时间	烟煤	2 h	1 h	30 min(500 ℃)	7 min
	无烟煤	3 h	1~1.5 h	60 min(815 ℃)	

【拓展提高】

1. 进厂煤全水分的测定(空气干燥一步法)

(1) 方法提要

称取一定量的粒度小于 13 mm 的煤样,于 105~110 ℃下,在空气流中干燥到质量恒定,根据煤样干燥后的质量损失计算出全水分。

(2) 测定步骤

● 在预先干燥和已称量过质量的浅盘中迅速称取粒度小于 13 mm 的煤样(500±10) g,精确至 0.1 g,平摊在浅盘中。

● 将浅盘放入预先加热至 105~110 ℃的空气干燥箱中,在鼓风条件下,烟煤干燥 2 h,无烟煤干燥 3 h。

● 将浅盘取出,趁热称量,精确至 0.1 g。

● 进行检查性干燥,每次 30 min,直至连续两次干燥煤样的质量减少不超过 0.5 g 或质量增加时为止。在后一种情况下,采用质量增加前一次的质量作为计算依据。

(3) 结果计算

煤样中全水分的含量按式(3-1-5)计算:

$$M_t = \frac{m_1}{m_s} \times 100\% \qquad (3\text{-}1\text{-}5)$$

式中　M_t——煤样中全水分的含量,%；

　　　m_s——称量煤样的质量,g；

　　　m_1——煤样烘干后损失的质量,g。

2. 灰分的测定（快速灰化法）

（1）方法提要

将装有煤样的灰皿由炉外逐渐送入预先加热至(815±10) ℃的高温炉中灰化并灼烧至质量恒定。以残留物的质量占煤样质量的质量百分数作为煤样的灰分。

（2）测定步骤

① 在预先灼烧至质量恒定的灰皿中,称取粒度 0.2 mm 以下的空气干燥基煤样(1±0.1) g,精确至 0.0002 g,均匀摊平在灰皿中,使其每平方厘米的质量不超过 0.15 g。将盛有煤样的灰皿预先分排放在耐热瓷板或石棉板上。

② 将高温炉加热到 850 ℃,打开炉门,将放有灰皿的耐热瓷板或石棉板缓慢地推入高温炉中,先使第一排灰皿中的煤样灰化。待 5～10 min 后煤样不再冒烟时,以每分钟不大于 2 cm 的速度把其余各排灰皿按顺序推入炉内炽热部分(若煤样着火发生爆燃,则实验作废)。

③ 关上炉门并使炉门留有 15 mm 左右的缝隙,在(815±10) ℃温度下灼烧 40 min。

④ 从炉中取出灰皿,放在空气中冷却 5 min 左右,移入干燥器中冷却至室温后(约 20 min)称量。

⑤ 进行检查性灼烧。温度为(815±10) ℃,每次 20 min,直到连续两次灼烧后的质量变化不超过 0.0010 g 为止。以最后一次灼烧后的质量为计算依据。如遇检查性灼烧结果不稳定,应改用缓慢灰化法重新测定。当灰分含量小于 15.00％时,不必进行检查性灼烧。

（3）结果计算

煤样的空气干燥基灰分的质量百分数按式(3-1-6)计算：

$$A_{ad} = \frac{m_1}{m_s} \times 100\% \tag{3-1-6}$$

式中　A_{ad}——煤样空气干燥基灰分的质量百分数,%；

　　　m_s——称量煤样的质量,g；

　　　m_1——煤样灼烧后残余物的质量,g。

【任务思考】

（1）用缓慢灰化法测定煤的灰分时,需在 500 ℃下灼烧 30 min,再升温至 815 ℃灼烧,能否直接升温到 815 ℃灼烧？为什么？

（2）煤中灰分的主要来源是什么？测定水泥生产用煤的灰分有何意义？

（3）在煤的水分和灰分测定中,为何要进行检查性烘干或灼烧？如何进行？

（4）在测定煤的挥发分时,能否用普通瓷坩埚代替挥发分坩埚？为什么？

任务 2　煤的发热量测定
（氧弹法）

【任务描述】

根据国家标准《煤的发热量测定方法》（GB/T 213—2008）的相关规定，使用恒温式自动氧弹热量计，完成空气干燥基煤样的弹筒发热量（Q_b）和高位发热量（Q_{gr}）的测定，并根据相关规定计算煤样的低位发热量（Q_{net}）。通过本任务的训练，使学生能够熟练、规范地操作自动氧弹热量计，独立完成仪器氧弹热容量的标定及煤样发热量的测定，理解煤的发热量表示形式，能够根据相关标准及分析结果，完成不同形式发热量之间的换算。

【任务解析】

发热量是煤质分析的主要项目之一，是正确评价动力用煤质量和企业计算煤耗的重要指标。尤其是燃烧用煤，其发热量的高低直接决定煤的商品价格。同时，在水泥生产过程中，水泥熟料煅烧过程的热平衡、热效率、耗煤量的计算等都必须以煤的发热量为依据。

煤的发热量可用热量计直接进行准确测定，也可采用间接法粗略算出。前者是用热量计直接测定出单位质量煤样的弹筒发热量，再换算为高位发热量；后者是根据工业分析（或元素分析）结果，按规定的经验公式间接计算出单位质量煤样燃烧时放出的热量。本任务根据《煤的发热量测定方法》（GB/T 213—2008）的相关规定，使用恒温式自动氧弹热量计直接进行煤样发热量的测定，该方法的基本原理如下：

称取一定量的分析煤样置于氧弹热量计中，在充有过量氧气的氧弹内完全燃烧。根据试样燃烧前后量热系统产生的温升，并对点火热等附加热进行校正后即可求得试样的弹筒发热量。氧弹热量计的热容量通过在相似条件下燃烧一定的基准量热物苯甲酸来确定。

从弹筒发热量中扣除硝酸形成热和硫酸校正热（硫酸和二氧化硫形成热之差）后即得煤的高位发热量。对煤中水分（煤中原有水和煤中氢燃烧生成的水）汽化热进行校正后即得到煤的低位发热量。

【相关知识】

1. 煤的发热量的表示方法

（1）热量单位

焦耳（J）：焦耳是我国颁布的法定计量单位中的热量单位，也是国家标准中采用的热量单位。焦耳是能量单位，用符号 J 表示。

$$1\ J\ =\ 1\ N\cdot m = 107\ erg$$
焦（耳）　　牛顿·米　　尔格

卡（cal）：卡是我国过去惯用的一种表示热量的单位。1 卡是指 1 g 纯水升高 1 ℃所吸收的热量。由于水的比热容随温度的不同而变化，因而不同温度下的 1 卡所代表的真实热量也不相同。我国通常使用的是 20 ℃卡，即将 1 g 纯水从 19.5 ℃升高至 20.5 ℃所吸收的热量。

$$1\ 卡_{20\ ℃} = 4.1858\ J$$

（2）发热量的表示方法

煤的发热量是指单位质量的煤在完全燃烧时所产生的热量，以符号 Q 表示，也称为热值，单位为焦耳每克（J/g）或兆焦每千克（MJ/kg）。

在实验室条件下测定煤的发热量时，煤的状态和燃烧条件（煤样达到空气干燥状态、在充有过量氧气的氧弹内完全燃烧）都是固定的，可以变化的就是产物的组成和状态。因此，根据煤样在充有过量氧气的氧弹内完全燃烧后其产物的组成和状态的不同，将煤的发热量分为三种：弹筒发热量（Q_b）、高位发热量（Q_{gr}）和低位发热量（Q_{net}）。

① 弹筒发热量（Q_b）

单位质量的试样在充有过量氧气的氧弹内完全燃烧，其燃烧产物组成为氧气、氮气、二氧化碳、硝酸、硫酸、液态水以及固态灰时放出的热量称为弹筒发热量。通常，实验室测定发热量时，直接从热量计上测定的发热量即为弹筒发热量。

② 恒容高位发热量（Q_{gr}）

单位质量的试样在充有过量氧气的氧弹内完全燃烧，其燃烧产物组成为氧气、氮气、二氧化碳、二氧化硫、液态水以及固态灰时放出的热量称为恒容高位发热量。恒容高位发热量也即由弹筒发热量减去硝酸形成热和硫酸校正热（硫酸和二氧化硫形成热之差）后得到的发热量。

这种定义是一种假设的情况，是扣除了煤在氧弹中燃烧与在空气中实际燃烧情况不同的两种热量后的校正结果。煤在空气中燃烧，硫只生成二氧化硫而不会生成硫酸，氮仍是游离氮气而不会生成硝酸。因此，从实测的弹筒发热量中，减去硫酸校正热和硝酸生成热后，得到的就是恒容高位发热量。

③ 恒容低位发热量（$Q_{net,V}$）

单位质量的试样在恒容条件下，在过量氧气中完全燃烧，其燃烧产物组成为氧气、氮气、二氧化碳、二氧化硫、气态水（假定压力为 0.1MPa）以及固态灰时放出的热量称为恒容低位发热量。恒容低位发热量也即恒容高位发热量减去水（煤中原有的水和煤中氢燃烧生成的水）的汽化热后得到的发热量。

煤在氧弹中燃烧与在大气中燃烧的另一不同之处是：在氧弹中燃烧时，水蒸气凝为液态水；而在大气中燃烧时，全部水（包括燃烧生成的水和煤中原有的水）呈蒸汽状态随燃烧废气排出。而恒容低位发热量中的产物与煤在大气中燃烧的产物相类似，因此，恒容低位发热量是工业燃烧设备中能获得的最大理论热值，它在实际应用中更具有实用意义。

④ 恒压低位发热量（$Q_{net,p}$）

单位质量的试样在恒压条件下，在过量氧气中完全燃烧，其燃烧产物组成为氧气、氮气、二氧化碳、二氧化硫、气态水（假定压力为 0.1 MPa）以及固态灰时放出的热量称为恒压低位发热量。

由弹筒发热量计算出的高位发热量和低位发热量都是恒容状态，但在实际工业燃烧中则是恒压状态，严格地讲，工业计算中应使用恒压低位发热量，但恒压低位发热量的计算还需要知道煤样中氧和氮的含量，需进行元素分析，而且恒压低位发热量与恒容低位发热量之间的差别较小，在实际应用精度要求不是很高时，一般不予校正。

可见，由于煤在工业燃烧设备中燃烧时和在氧弹内燃烧时的燃烧条件不同，得到的产物也不同，因而发热量不同。弹筒发热量、恒容高位发热量和恒容低位发热量的比较见表 3-2-1。

表 3-2-1　不同形式发热量的比较

发热量形式	符号	燃烧条件	燃烧产物及存在形式
弹筒发热量	Q_b	恒容	$O_2(g)$、$N_2(g)$、$CO_2(g)$、$HNO_3(l)$、$H_2SO_4(l)$、$H_2O(l)$、固态灰
恒容高位发热量	Q_{gr}	恒容	$O_2(g)$、$N_2(g)$、$CO_2(g)$、$SO_2(g)$、$H_2O(l)$、固态灰
恒容低位发热量	$Q_{net,V}$	恒容	$O_2(g)$、$N_2(g)$、$CO_2(g)$、$SO_2(g)$、$H_2O(g)$、
固态灰恒压低位发热量	$Q_{net,p}$	恒压	$O_2(g)$、$N_2(g)$、$CO_2(g)$、$SO_2(g)$、$H_2O(g)$、固态灰

（3）不同形式发热量的换算

根据测得的弹筒发热量，按式（3-2-1）扣除硝酸形成热和硫酸校正热即可计算出煤样的高位发热量（$Q_{gr,ad}$）（计算基准：100 kg 煤）：

$$Q_{gr,ad} = Q_{b,ad} - (94.1S_{b,ad} + \alpha Q_{b,ad}) \tag{3-2-1}$$

式中　$Q_{gr,ad}$——空气干燥基煤样的恒容高位发热量，J/g；

　　　$Q_{b,ad}$——空气干燥基煤样的弹筒发热量，J/g；

　　　94.1——空气干燥基煤样中每 1% 硫的校正值，J/g；

　　　$S_{b,ad}$——由弹筒洗液测得的硫含量（以质量百分数表示），当硫含量低于 4% 或发热量大于 14.6 MJ/kg 时，可按空气干燥基煤样中硫含量（按 GB/T 214 测定）代替；

　　　α——硝酸形成热校正系数：

　　　　　当 $Q_{b,ad} \leqslant 16.7$ MJ/kg 时，$\alpha = 0.001$；

　　　　　当 $16.7 < Q_{b,ad} \leqslant 25.1$（MJ/kg）时，$\alpha = 0.0012$；

　　　　　当 $Q_{b,ad} > 25.1$ MJ/kg 时，$\alpha = 0.0016$。

不同基准煤样的恒容高位发热量的计算，可参考表 3-1-3，根据空气干燥基的恒容高位发热量（$Q_{gr,ad}$）结合工业分析结果进行相互换算。

煤样的恒容低位发热量可由恒容高位发热量（Q_{gr}）减去煤样中水（煤中原有的水和煤中氢燃烧生成的水）的汽化热后得到。煤样不同水分基恒容低位发热量可按式（3-2-2）计算（计算基准：100 kg 煤）：

$$Q_{net,V,M} = (Q_{gr,ad} - 206H_{ad}) \times \frac{100 - M}{100 - M_{ad}} - 23M \tag{3-2-2}$$

式中　$Q_{gr,ad}$——空气干燥基煤样的恒容高位发热量，J/g；

　　　$Q_{net,V,M}$——水分为 M 的煤样的恒容低位发热量，J/g；

　　　H_{ad}——空气干燥基煤样中的氢含量（按 GB/T 476 测定），以质量百分数（%）表示；

　　　206——对应于空气干燥基煤样中每 1% 氢的汽化热校正值（恒容），J/g；

　　　M_{ad}——空气干燥基煤样中水分含量（按 GB/T 212 测定），以质量百分数（%）表示；

　　　23——对应于水分含量为 M 的煤样中每 1% 水分的汽化热校正值（恒容），J/g；

　　　M——煤样的水分含量，%，干燥基时 $M=0$，空气干燥基时 $M=M_{ad}$，收到基时 $M=M_t$。

2. 氧弹热量计

量热系统不是与外界隔绝的，它可能与周围环境发生热交换，为了得到可靠的测定结果，要把盛氧弹的水桶（内筒）放在一个双壁水套（外筒）中，通过控制外筒的温度来消除量热系统与周围环境的热交换，或者经过计算对热交换所引起的误差进行校正。根据外筒温度的不同控制方式，通常热量计可分为绝热式热量计和恒温式热量计两种，它们的量热系统被包围在充满水的双层夹套中，两者的差别只在于外筒控温方式及附属的自动控制装置，其余部分无明显区别。

绝热式热量计：以适当方式使外筒温度在实验过程中始终与内筒保持一致，在试样点燃后内筒温度上升过程中，外筒温度也跟踪而上；当内筒温度达到最高点而呈平稳状态时，外筒温度也达到同样数值并保持恒定。在整个实验过程中，内外筒温度保持一致，因而不发生热交换。

恒温式热量计：以适当方式使外筒温度保持不变，使用较简单的计算公式校正热交换的影响。保持外筒恒温的方法有两种，一是采用大容量的外筒并加绝热层，以减小室温变化的影响；二是利用自动控制方式保持外筒温度恒定。前者称为静态式，后者称为自动恒温式。

无论是绝热式热量计还是恒温式热量计，均由燃烧氧弹、内筒、外筒、搅拌器、量热温度计、点火装置、温度测量和控制系统构成。

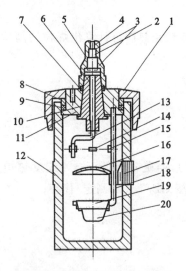

图 3-2-1　燃烧氧弹结构示意图

1—压盖；2—进气嘴；3—密封圈；4—柱塞；
5—定位螺塞；6—连接柱；7—绝缘密封圈；
8—压环；9—密封圈；10—绝缘密封圈；
11—压盖；12—弹筒；13—电极；14—点火丝；
15—固定螺母；16—挡火板；17—固定螺丝；
18—坩埚架；19—转换圈；20—坩埚

（1）燃烧氧弹

燃烧氧弹由耐热、耐腐蚀的镍铬合金钢制成（见图 3-2-1），需要具备以下三方面的主要性能：

● 不受燃烧过程中出现的高温、高压和腐蚀性产物的影响而产生热效应；

● 能承受充氧压力和燃烧过程中产生的瞬间高压；

● 实验过程中保持完全气密。

弹筒容积为 250～300 mL，弹头上装有供充氧和排气的阀门以及点火电源的接线电极。在氧弹使用过程中，应注意以下几方面的问题：

① 新氧弹和更换了新的部件（弹筒、弹头、连接环）的氧弹应经 20 MPa 的水压试验，证明无问题后方能使用；

② 应经常注意观察与氧弹强度有关的结构，如弹筒和连接环的螺纹、进气阀、出气阀和电极与弹头的连接处等，如发现显著磨损或松动，应进行修理，并经水压试验合格后方能使用；

③ 氧弹应定期进行水压试验，每次水压试验后，氧弹的使用时间一般不应超过 2 年；

④ 当使用多个设计制作相同的氧弹时，每一个氧弹都应作为一个完整的单元使用，不能将不同氧弹的相同部件交换使用。

（2）内筒

内筒由紫铜、黄铜或不锈钢薄板制成。筒内装水 2000～3000 mL，以能浸没氧弹（出、进气阀和电极除外）为准。内筒外壁应电镀抛光，以减少与外筒的辐射作用。

（3）外筒

外筒为金属薄板制成的双壁容器，并有上盖，夹层中充水。外壁为圆形，内壁形状则依内筒的形状而定；外筒应完全包围内筒，内外筒应有 10～20 mm 的间距，外筒底部有绝缘支架，以便放置内筒。

恒温式外筒和绝热式外筒的控温方式不同，应分别满足以下要求：

① 恒温式外筒：恒温式热量计配置恒温式外筒，自动控温式外筒在整个实验过程中，外筒的水温变化应控制在±0.1 K 之内；非自动控温式外筒（静态式外筒），盛满水后热容量应不小于热量计热容量的 5 倍（通常 12.5 L 的水可以满足外筒恒温的要求），以便实验过程中保持外筒温度基本恒定。用于测量外筒温度的温度计应有 0.1 K 的最小分度值。

② 绝热式外筒：绝热式热量计配置绝热式外筒。外筒中水量应较少，最好装有浸没式加热装置，当样品点燃后能迅速提供足够的热量以维持外筒水温与内筒水温相差在 0.1 K 之内。通过自动控温装置，外筒水温能够紧密跟踪内筒温度。外筒的水还应在特制的双层盖中循环。自动控温装置的灵敏度应达到使点火前和终点后内筒温度保持稳定（5 min 内温度变化平均不超过 0.0005 K/min）；在一次实验的升温过程中，内外筒间的热交换量应不超过 20 J。

（4）搅拌器

为了使试样燃烧放出的热量尽快在内筒中均匀分布，采用电动机带动螺旋桨搅拌器，转速以每分钟 400～600 转为宜，并应保持恒定。搅拌器的搅拌效率应使热容量标定中由点火到终点的时间不超过 10 min，同时要避免产生过多的搅拌热（当筒内外温度和室温一致时，连续搅拌 10 min 所产生的热量不应超过 120 J）。

（5）量热温度计

用于内筒温度测量的量热温度计至少应有 0.001 K 的分辨率，以便能以 0.002 K 或更高的分辨率测定 2 K 到 3 K 的温升；它代表的绝对温度应能达到近 0.1 K，量热温度计在它测量的每个温度变化范围内应是线性的或线性化的。量热温度计应经计量部门的检定，证明已达到上述要求。

常用的量热温度计主要有两类：玻璃水银温度计（如贝克曼温度计）和数字显示温度计（由诸如铂电阻、热敏电阻及石英晶体共振器等配备合适的电桥、零点控制器、频率计数器或其他电子设备构成）。

（6）点火装置

常用的点火装置有熔断式和非熔断式两种。熔断式点火装置是在氧弹内的两电极之间，连接一段已知热值的细金属丝，通电后金属丝发热，最后熔断引燃试样，根据金属丝的实际消耗长度计算出其燃烧时产生的热量，在测定的总热量中扣除；非熔断式点火装置则在遮火罩以上的两电极柱间连接一段直径约 0.3 mm 的镍铬丝，丝的中部预先绕成螺旋数圈，以便发热集中，然后用棉线将螺旋点火丝与试样连接，通电后点火丝发热（不熔断）点燃棉线，进一步引燃试样，根据电压、电流、通电时间及棉线的燃烧热计算点火热，从测定的总热量中扣除。

点火装置采用 12～24 V 的电源，可由 220 V 交流电源经变压器供给。点火电压应预先经试验确定，具体方法是：接好点火丝，在空气中进行通电试验，在熔断式点火的情况下，调节电压使点火丝在 1～2 s 内达到亮红；在非熔断式点火的情况下，调节电压使点火丝在 4～5 s 内达到暗红。

（7）燃烧皿

铂制品最为理想，但价格较高，一般可用镍铬钢制品。规格可采用高 17～18 mm、底部直径 19～20 mm、上部直径 25～26 mm，厚 0.5 mm。其他合金钢或石英制成的燃烧皿也可使用，但以能保证试样燃烧完全而本身又不受腐蚀和产生热效应为原则。

3. 利用经验公式计算煤的低位发热量

煤的发热量是评价煤质的一项重要指标，是水泥生产中计算熟料热耗及标准煤耗的主要依据。我国一些水泥企业至今仍利用经验公式计算煤的发热量。

早期，相关科研部门收集全国各统配煤矿、主要地方煤矿以及部分地质勘探精查煤样和少数全国统检煤样，涉及的煤品种包括从褐煤、烟煤到无烟煤各个类别，将其工业分析结果及其他一些煤质指标（如氢含量、焦渣特征）和氧弹法发热量测定结果，运用数理统计的多元回归分析方法进行统计分析，得到适用于不同煤种的系列经验公式，也就是常用的发热量计算公式。

在实际应用中上述经验公式暴露出一定的缺陷和局限性，如在当时推导烟煤的发热量公式的时候，没有将焦渣特征定量纳入公式，而是根据焦渣特征的大小分组列出 K（计算公式中的符号）值，这样不仅计算麻烦，而且因 K 值呈台阶式变化，对某些挥发分在边界处的煤样，其计算误差会加大。国家煤炭科学研究院在收集了全国大量煤样数据的基础上，利用多元回归法，采用电子计算机进行了大量的数据处理，研究推导出一套计算烟煤、无烟煤、褐煤低位发热量的经验公式。新公式有两种计算方法，一是利用元素分析结果计算各种煤的低位发热量，二是利用煤的工业分析结果计算烟煤、无烟煤、褐煤的低位发热量。利用元素分析结果计算煤的低位发热量更为准确，但由于大部分企业均未开展此项工作，这里仅介绍利用工业分析结果计算低位发热量的新公式。

（1）烟煤低位发热量的计算公式（计算基准：100 kg 煤）

烟煤低位发热量按式（3-2-3）或式（3-2-4）计算：

$$Q_{net,ad} = 35860 - 73.7 \times V_{ad} - 395.7 \times A_{ad} - 702.0 \times M_{ad} + 173.6 \times CRC \qquad (3\text{-}2\text{-}3)$$

或用卡制表示：

$$Q_{net,ad} = 8575.63 - 17.63 \times V_{ad} - 94.64 \times A_{ad} - 167.89 \times M_{ad} + 41.52 \times CRC \qquad (3\text{-}2\text{-}4)$$

（2）无烟煤低位发热量的计算公式（计算基准：100 kg 煤）

无烟煤低位发热量按式（3-2-5）或式（3-2-6）计算：

$$Q_{net,ad} = 34814 - 24.7 \times V_{ad} - 382.2 \times A_{ad} - 563.0 \times M_{ad} \tag{3-2-5}$$

或用卡制表示：

$$Q_{net,ad} = 8325.46 - 5.92 \times V_{ad} - 91.41 \times A_{ad} - 134.63 \times M_{ad} \tag{3-2-6}$$

（3）褐煤低位发热量的计算公式（计算基准：100 kg 煤）

褐煤低位发热量按式（3-2-7）或式（3-2-8）计算：

$$Q_{net,ad} = 3172.9 - 70.5 \times V_{ad} - 321.6 \times A_{ad} - 388.4 \times M_{ad} \tag{3-2-7}$$

或用卡制表示：

$$Q_{net,ad} = 7588.69 - 16.85 \times V_{ad} - 76.91 \times A_{ad} - 92.88 \times M_{ad} \tag{3-2-8}$$

式（3-2-3）至式（3-2-8）中：

$Q_{net,ad}$——空气干燥基低位发热量，J/g 或 cal/g；

V_{ad}——空气干燥煤样中挥发分含量，以质量百分数表示；

A_{ad}——空气干燥煤样中灰分含量，以质量百分数表示；

M_{ad}——空气干燥煤样中水分含量，以质量百分数表示；

CRC——烟煤的焦渣特征。

【任务实施】

1. 任务准备

（1）仪器及试剂

名称	规格	名称	规格	名称	规格
分析天平	0.0001 g	氧弹式热量计	CT2100 自动热量计	工业天平	0.5 g
苯甲酸	基准量热物质	氧气	纯度≥99.5% 不含可燃成分	棉线	白色，不涂蜡
干燥箱		擦镜纸		干燥器	
无水乙醇		压片机		固定扳手	
镊子		铜-镍丝	$\phi 0.12$ mm	铁钩	
铜棒		万用表		小塑料袋	
不锈钢桶		塑封机		无纸记录仪	
点火器		计算机			

（2）试样的制备

发热量测定用煤样的制备方法与本项目任务 1 中试样的制备方法相同，此处不再赘述。

2. 实施步骤

（1）热量计的标定

① 按仪器操作规程,将测温探头置于外桶测孔中,开机预热 30 min。

② 称样:将饼状标准苯甲酸在 60～70 ℃下烘干 3～4 h 后,置于干燥器中冷却至室温,取一片称重,精确至 0.0001 g,用棉线拴好,置于氧弹内的不锈钢燃烧皿中,并将棉线另一端卡在点火丝中部。

③ 准备氧弹:量取 10 mL 水倒入氧弹中,拧好氧弹,置于充氧仪上,充氧至 2.6～3.0 MPa 并保持 15 s 后取下;用内筒接取已恒温至室温的水,称取内桶＋水的质量为 2500 g(准确到 0.5 g),然后把内桶置于主机内,将充好氧的氧弹置于内桶中,接好两电极。

④ 存外桶温度:按"外桶温度"键(这时探头应在外筒中且温度已稳定),几秒后状态码显示 1,按"存入"键;然后取出测温探头,关好主机盖子,把探头置于内桶测孔中。

⑤ 输入数据:将点火热、包纸热、苯甲酸热值、苯甲酸质量、包纸质量、氧弹号等数据存入主机(按下相应键,输入数据后,按"存入"键)。

⑥ 标定:按下"标定"键,仪器进入自动标定过程,大约 30 min 后仪器自动打印出比热容(E)等常数结果,并自动存入仪器;

注:标定一般应进行 5 次重复实验,且相对标准偏差不应超过 0.20％(若超过 0.20％,再补做一次实验),取符合要求的 5 次结果的平均值,并通过常数键存入仪器。

⑦ 结束:按任意键回到初始状态,进入待机状态;打开主机盖子,将探头移到外桶测孔中;提出内桶,取出氧弹,放气后打开氧弹,观察灰渣燃烧是否完全(如有黑色痕迹,则为未完全燃烧),如果灰渣燃烧不完全,则数据作废;实验后将氧弹内外和燃烧皿处理干净备用。

（2）煤样的测量

① 按仪器操作规程,将测温探头置于外桶测孔中,开机预热 30 min。

② 称样:称取粒度小于 0.2 mm 的空气干燥基煤样 0.7 g(精确到 0.0001 g),用预先裁好、称好(精确到 0.0001 g)的擦镜纸包好,再用棉线拴好,置于氧弹内的不锈钢燃烧皿中,并将棉线另一端卡在点火丝中部。

③ 准备氧弹:量取 10 mL 水倒入氧弹中,拧好氧弹,置于充氧仪上,充氧至 2.6～3.0 MPa 并保持 15 s 后取下;用内筒接取已恒温至室温的水,称取内桶＋水的质量为 2500 g(准确到 0.5 g),然后把内桶置于主机内,将充好氧的氧弹置于内桶中,接好两电极。

④ 存外桶温度:按"外桶温度"键(这时探头应在外筒中且温度已稳定),几秒后状态码显示 1,按"存入"键;然后取出测温探头,关好主机盖子,把探头置于内桶测孔中。

⑤ 输入数据:将点火热、包纸热、煤样质量、包纸质量、氧弹号等数据存入主机(按下相应键,输入数据后,按"存入"键)。

⑥ 测定:按下"煤炭测定"键,仪器进入自动分析测定过程,大约 12～19 min 后测量完毕,仪器自动打印弹筒发热量、高位发热量等数据。

⑦ 结束:按任意键回到初始状态,进入待机状态;打开主机盖子,将探头移到外桶测孔中;提出内桶,取出氧弹,放气后打开氧弹,观察灰渣燃烧情况,如果灰渣燃烧不完全,则数据作废;倒掉水并将氧弹清洗干净。

3. 数据记录与结果计算

（1）数据记录

	标定次数	1	2	3	4	5
仪器常数标定	氧弹号					
	苯甲酸质量(g)					
	仪器比热容 E(J/K)					
	比热容相对标准偏差					
	比热容平均值(J/K)					
	仪器常数 k					
	常数 k 平均值					
	仪器常数 A					
	常数 A 平均值					

	煤样水分含量(%)M_{ar} = _____		氢元素含量(%)H_{ad} = _____		全硫含量(%)_____	
煤样测定	标定次数	1	2	3	4	5
	氧弹号					
	煤样质量(g)					
	弹筒发热量 Q_b(J/g)					
	高位发热量 $Q_{gr,ad}$(J/g)					
	高位发热量平均值(J/g)					
	低位发热量 $Q_{net,ad}$(J/g)					
	收到基煤样低位发热量 $Q_{net,ar}$(J/g)					

（2）结果计算

煤样收到基的恒容低位发热量可根据煤样的水分含量及提供的氢元素含量，参考式（3-2-3）进行计算。

【任务小结】

（1）热量计要定期进行标定，标定周期为 3 个月。但有下列情况时，应立即重新标定：

① 更换量热温度计；

② 更换热量计大部件，如氧弹、氧弹头、连接环（由厂家供给或自制的相同规格的小部件，如氧弹密封圈、电极柱、螺母等不在此列）；

③ 标定仪器和测定样品发热量时，内筒温度相差超过 5 K；

④ 热量计经过较大的搬动之后。

（2）注意实验室条件对测定的影响。发热量测定实验室应满足下列条件：

① 实验室应设有一单独房间，不得在同一房间内同时进行其他实验项目；

② 实验室的室温尽量保持恒定，每次测定的室温变化不应超过 1 K，通常室温以不超过 15～30 ℃范围为宜；

③ 室内应无强烈的空气对流，因此不应有风扇和强烈的热源等，实验过程中应避免开启门窗；

④ 实验室最好朝北,以避免阳光照射,否则热量计应放在不受阳光直射的地方。

(3) 对于燃烧时易飞溅的试样,可用已知质量的擦镜纸包紧后再进行测试,或先在压饼机中压成饼状并切成粒度为 2~4 mm 的小块使用;对于不易燃烧完全的试样,可用石棉线作衬垫(先在燃烧皿底部铺上一层石棉线,然后用手压实)。

(4) 氧气纯度至少达 99.5%,不含可燃成分,不允许使用电解氧;压力应足以使氧弹充氧至 3 MPa,当氧气钢瓶的压力降至 5 MPa 时,应适当延长充氧时间;当钢瓶压力低于 4 MPa 时,应更换新的氧气钢瓶。

(5) 压力表、氧气导管各连接部分及氧弹进气口禁止与油脂接触或使用润滑油,如不慎沾污,应依次用苯和酒精清洗,待风干后再使用。

(6) 氧弹充氧压力不宜过高,控制在 2.8~3.0 MPa 为宜,达到压力后的持续充氧时间不得少于 15 s;如果不小心使充氧压力超过 3.2 MPa,应停止实验,放掉氧气后重新充氧至 3.2 MPa 以下。

(7) 启动点火程序后 20 s 内,不要将身体的任何部位伸到热量计上方。

【任务思考】

(1) 在测定煤的发热量时,为什么需将测得的空气干燥基弹筒发热量和高位发热量换算为收到基低位发热量?

(2) 氧弹充氧时,应注意什么问题?

(3) 对于燃烧时易飞溅的煤样和不易完全燃烧的煤样,在测定发热量时,应采取什么样的措施保证测定结果的准确?

项目4 化学成分全分析综合训练

项目描述		物料化学成分全分析是水泥企业化学分析工的日常工作之一，本项目以水泥生产中原材料、水泥生料、水泥熟料及水泥成品为分析对象，要求学生根据物料性质及用途，查询并正确解读标准分析方法，拟订出物料化学成分全分析系统分析方案，并按照分析方案完成物料各组分的测定
项目目标	知识目标	(1) 掌握水泥生产原料、水泥生料及水泥成品化学成分全分析的基本原理、方法和计算结果的处理方法； (2) 掌握不同分析项目原始记录的设计要求，以及分析结果的数据处理； (3) 理解复杂样品系统分析方案的设计原则； (4) 理解各种物料同一组分分析方法的区别
	能力目标	(1) 能按照要求及标准测定水泥生产原料、水泥生料及水泥成品各主要组分的含量； (2) 能够根据样品的不同性质，选择适当的化学分析方法进行含量测定； (3) 能够选择适当的方法，消除复杂样品共存组分的干扰； (4) 能拟订系统分析方案，准备所需试剂及仪器，进行分析样品的制备及分解； (5) 能规范记录实验数据，正确计算各组分含量
	素质目标	(1) 不迟到、不早退、不旷课、不大声喧哗； (2) 能够积极主动地协助同学完成相关工作； (3) 有良好的工作习惯、待人有礼貌； (4) 能自觉遵守实验室的各项规章制度； (5) 树立牢固的实验室安全意识
项目引导		复杂物质的分析一般包括试样的采集、制备与分解，干扰组分的分离，测定方法的选择，数据处理及报告的撰写等。为保证分析结果的准确性，在复杂样品分析中，试样的制备、分解和分析方法的选择尤为重要

1. 分析试样的制备与分解

（1）试样的制备

采集的样品一般不能直接用于检测，需要进行一系列的加工，使之符合检测的要求，这就是常说的样品的制备。

对于固体试样，初步取得的样品经过多次烘干、破碎、过筛、混匀以及缩分，即制成符合分析要求的试样。这一过程称为"试样的制备"。

① 烘干

若采集的样品物料过于潮湿，粉碎、研细与过筛有困难时（比如发生湿黏、堵塞等现象），对于少量样品可在烘箱中烘干，通常物料的烘干温度保持在 105～110 ℃。对于易分解的样品，如煤粉、含结晶水的石膏等，温度应再低些，可在 55～60 ℃下进行。没有烘箱时，可在红外灯下烘干。

② 破碎

试样的破碎过程有粗碎、中碎、细碎和粉碎。在水泥生产工艺质量检验中，有些样品不用破碎，如用于检验粒度的物料、出磨生料、煤粉、水泥等。而有些则需要破碎，如需要进行物理、化学性能检验的大颗粒原料、燃料及水泥熟料等。

根据实验室样品颗粒的大小、破碎难易程度，可采用机械或人工方法把样品逐步破碎，直到达到规定的粒度。对颗粒较大的和难于破碎的样品可用破碎机（如颚式破碎机、球磨机等）破碎。对易破碎的样品可人工在钢板上用铁锤砸碎。破碎时应避免引入杂质，对难破碎的部分不能随意丢弃。

③ 过筛

过筛有预先过筛和检查过筛两种。在试样的加工破碎过程中，样品的颗粒级配变化很大，为了避免重复劳动，减少浪费，在破碎之前先行过筛，称为"预先过筛"。预先过筛时对筛下部分可不必破碎，只破碎筛上部分即可。

有时为了保证样品加工的细度，在破碎之后还要进行过筛，称为"检查过筛"。检查过筛中若有少量筛上物，不能强制过筛或抛弃，必须继续破碎至能自然通过为止。

④ 混匀

混匀是样品制备的一道重要工序，是保证样品均匀性的重要措施。常用的混匀方法有以下几种：

● 移锥法

该法适用于大批量样品的混匀。其原理是：用铁铲将试样堆成锥形，堆锥时试样必须从锥中心倒下，以便使试样从锥顶大致等量地流向各个方面。然后用铁铲从这一堆移向另一堆，如此反复 3～5 次，即可将试样混匀。

● 环锥法

该法适用于大批量样品的混匀。与移锥法相似，其原理是：先将试样用铁铲堆成一个圆锥形，但不是将它直接移向另一锥，而是把它从中心扒成一个大圆环，然后再将该圆环堆成锥形，如此反复 3 次，即可将试样混匀。

● 翻滚法

该法适用于处理少量细粒物料。其方法是把试样放在一张光面纸上，轮流提取纸的一角或两对角，通过试样的翻滚，将其混匀。

● 机械混匀法

在实验室对少量的样品可用分样器混匀，其方法是将样品反复倒入分样器中，达到混匀样品的目的。

此外，实验室中用球磨机和研钵磨细样品的过程本身就是很好的混匀样品的过程。

⑤ 缩分

所谓"缩分"就是以科学的方法逐渐缩小样品的数量,且不致破坏样品的代表性的过程。缩分是整个样品制备过程中非常重要的一环。制样时,必须按照以下方法之一严格进行:

● 锥形四分法

如图 4-1 所示,锥形四分法是将样品堆成锥形,再用铲子或木板将锥顶压平,使其成为截锥体,通过圆心分成四等分,去掉任意成对角的两等份,如此反复进行,直到缩分到所需数量为止。

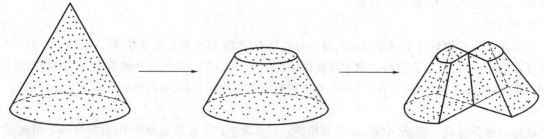

图 4-1　锥形四分法

● 挖取法(又称"正方形法")

如图 4-2 所示,挖取法是将混匀的样品铺成正方形或长方形的均匀薄层,然后以直尺划分成若干个小正方形。用小铲将一定间隔的小正方形中的样品全部取出,然后放在一起再进行混匀。

通常在缩分少量的样品或缩分到最后的分析样品时,采用此法。

● 分样器缩分法

分样器的种类很多,但最简单常用的是槽型分样器,如图 4-3 所示。分样器中有数个左右交替的用隔板分开的小槽(一般不少于 10 个,且必须是偶数),在其下面两侧分别放有承接样品的样槽。当样品倒入分样器后,即可从两侧流入两边的样槽内,从而把样品均匀地分成了两等份。

注:如果用分样器缩分样品,可不必预先将样品混匀而直接进行缩分。样品的最大直径不应大于格槽宽度的 1/3~1/2。

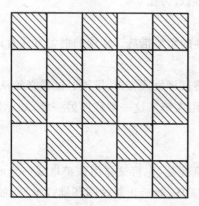

图 4-2　挖取法(正方形法)示意图

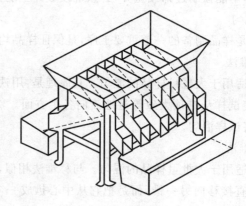

图 4-3　槽形分样器

(2)试样的分解

① 试样分解的目的及要求

使试样中以各种形态存在的被测组分都转入溶液中并成为某一可测定的状态,这个过程就是试样的分解。分解试样的目的是将固体试样处理成便于分离和测定的溶液。试样经溶解或分解后所得的溶液称为"试液"(亦称待测液)。

在定量分析测定中,除了干法分析(如差热分析、光谱分析等)外,通常都是用湿法分析,也就是说在溶液中对被测组分进行测定,因此,试样的分解是定量分析工作的重要步骤之一,它不仅直接关系到待测组分能否转变为适合的测定形态,也关系到以后的分离和测定。对于试样的分解,要满足下列要求:

- 溶解或分解应完全,使被测组分全部转入溶液中;
- 在溶解或分解过程中,被测组分不能损失;
- 不能从外部混进被测组分,并尽可能避免引进干扰物质。

② 试样的分解方法

在溶解或分解试样时,应根据试样的化学性质采用适当的处理方法。在水泥化学分析中,常用的试样分解方法有酸溶法、熔融法和烧结法三种。

- 酸溶法

酸溶法是基于酸的酸性、氧化还原性以及形成配合物的性质,使试样中的组分转入溶液中。样品能否被酸分解,主要取决于样品中酸性氧化物和碱性氧化物含量的比值,此比值越小,越易被酸分解;反之,则越不易被酸分解。

水泥化学分析中,分解试样常用的酸有 HCl、H_3PO_4、H_2SO_4、HNO_3、HF、$HClO_4$ 等。

- 熔融法和烧结法

熔融法和烧结法均是将试样与助熔剂混合,在高温下进行复分解反应,使被测组分转变为可溶于水或酸的化合物。两者的区别在于助熔剂的用量不同,熔融法的助熔剂用量较多,通常为试样质量的6~12 倍;烧结法的助熔剂用量较少,经高温后,熔融物呈烧结状而不是全熔融状态,故又称为"半熔融法",烧结法通常加入试样质量 0.6~1 倍的助熔剂。烧结法的优点是助熔剂用量少,引入的干扰离子少,熔样时间短,操作速度快,烧结块易从坩埚中脱出便于提取,同时也降低了对贵重金属坩埚的侵蚀作用。

常用的助熔剂有 Na_2CO_3、K_2CO_3、$NaOH$、KOH、Na_2O_2 和 $K_2S_2O_7$ 等,有时由于测定的需要,还可采用混合熔剂,如 Na_2CO_3-K_2CO_3、Na_2CO_3-KNO_3 等。在水泥化学分析中,最常用的助熔剂是 $NaOH$ 和 Na_2CO_3,通常 $NaOH$ 作助熔剂时使用银坩埚,Na_2CO_3 作助熔剂时使用铂坩埚。各类分析试样以 $NaOH$ 和 Na_2CO_3 作助熔剂的熔融条件分别见表4-1 和 4-2。

表 4-1　氢氧化钠作助熔剂时的熔融条件

试样名称	试样质量（g）	熔剂质量（g）	熔融温度（℃）	熔融时间（min）	分解时酸用量（mL）	
					浓盐酸	浓硝酸
水泥、熟料	0.5	6~7	650~700	20	25~30	1
水泥生料	0.5~0.7	7~8	700	30	25~30	1
黏土类	0.5	7~8	650~700	20~30	25~30	1
石灰石	0.5~0.7	6~7	650~700	20	25~30	1
铁矿石	0.3	10	700~750	40 以上	少量 HCl(1+5) 洗坩埚	20
矿渣	0.5	6~7	650~700	20	25~30	1~2

表 4-2　碳酸钠作助熔剂时的熔融条件

试样名称	试样质量(g)	熔剂质量(g)	熔融温度(℃)	熔融时间(min)	备　注
水泥、熟料	0.5	0.3	950~1000	10	950~1000 ℃预烧 10 min
水泥生料	0.5~0.7	0.3	950~1000	10	950~1000 ℃预烧 10 min
石灰石	0.6	0.3	950~1000	10	950~1000 ℃预烧 10 min
黏土	0.5	3~4	950~1000	25~30	
铁矿石	0.25	0.25	950~1000	15~20	
矿渣(中性、酸性)	0.5	2~3	950~1000	20	950~1000 ℃预烧 10 min
煤灰	0.3	2~3	950~1000	25~30	

2. 分析方法的选择

采用定量化学分析方式时,要完成实际生产和科研中的具体分析任务,获得符合要求的测定结果,选择合适的分析方法至关重要。在实际工作中,遇到的问题是各种各样的。从分析对象来说,可能是无机试样或有机试样;从所要求分析的组分来说,可以是单项分析或全分析;从所测定组分的含量来说,可能属于常量组分、微量组分或痕量组分等。因此,要完成不同的分析任务,需要选择不同的分析方法。

在选择具体分析方法的时候,应遵循以下几方面原则:

(1) 根据分析的目的选择分析方法

要完成一项化学分析,首先应明确测定的目的及要求,主要包括需要测定的组分、准确度及完成测定的时间等。一般来说,标准样品和成品分析对准确度要求较高;微量成分分析对灵敏度要求较高;生产质量控制分析要求快速简便等。例如测定水泥中三氧化硫的含量时,出厂水泥通常采用准确度较高的硫酸钡重量法;而通过测定出磨水泥中三氧化硫的含量控制石膏掺量时,则采用速度较快的离子交换法或恒电流库仑滴定法。

(2) 根据待测组分的含量范围选择分析方法

通常适用于测定常量组分的分析方法不适用于测定微量组分或低浓度物质;反之,适用于测定微量组分的分析方法也不适用于常量组分的测定。因此,在选择分析方法时应考虑欲测组分的含量范围。常量组分分析多采用滴定分析法和重量分析法,此类分析方法准确度高,但灵敏度较低;对于微量组分的测定,应选用灵敏度较高的仪器分析方法,如分光光度法、原子吸收光谱法、色谱分析法等。

(3) 根据待测组分的性质选择分析方法

分析方法的选择都是基于被测组分的性质,了解被测组分的性质,有利于选择适当的测定方法。例如,当试样具有酸碱性时,可以首先考虑酸碱滴定法;当试样具有还原性或氧化性时,可以首先考虑氧化还原滴定法;大部分金属离子可与 EDTA 形成稳定的配合物,因此常用配位滴定法测定金属离子;对于碱金属,特别是钠离子、钾离子等,由于它们的配合物一般很不稳定,大部分盐类的溶解度又较大,而且不具有氧化还原性质,但能发射或吸收一定波长的特征谱线,因此火焰光度法及原子吸收光谱法是较好的测定方法。

(4) 根据共存组分的影响选择分析方法

选择分析方法时,必须考虑共存组分的影响。例如选择配位滴定法测定试样中 Ca^{2+} 的含量时,应考虑共存离子如 Fe^{3+}、Al^{3+}、TiO^{2+}、Mg^{2+} 的影响,应选择适当的方法消除其干扰。另外,还应考虑在分解试样时可能引入的干扰组分,如测定水泥中 Cl^- 的含量时,不能用盐酸分解试样。

(5) 根据实验室条件选择分析方法

选择分析方法时,还要考虑实验室是否具备所需的条件。例如,现有仪器的精密度和灵敏度,所需试剂和水的纯度以及实验室的温度、湿度和防尘等实际情况。有些方法虽能在短时间内进行批量分析,很适合于例行分析,但一般实验室不一定具备所需要的仪器,此时也只能选用其他方法。

总之,理想的分析方法应该灵敏度高、检出限低、准确度高、操作简便。但在实际工作中,所选定的测定方法很难同时满足这些条件,即不存在适用于任何试样、任何组分的测定方法,因此,要选择一个适宜的分析方法,就要综合考虑以上各种因素。在具体选择某一试样分析方法时,通常可按下述步骤完成:

（1）查阅文献

查阅文献是最普遍、最经济的手段。化学分析文献数量庞大,其中最实用的文献是该类物质的"分析方法标准"。因为标准中给出的分析方法对精密度、准确度及干扰等问题都有明确的说明,是常规实验室易于实施的方法。此外,还要注意实际测定情况(如试样组分、待测物质的物理化学性质与状态、仪器性能等)与文献报道的是否一致,当文献中的方法较为适用于被分析物质的测定时,才能选定。

（2）进行验证性实验

初步确定了分析方法后,应通过验证性实验证实该方法是否适用于待测物质的定量分析,并获得该分析方法的精密度和准确度。在验证性实验中,重复测定是必要的,因为个别特定条件的实验结果不具有代表性,必须重复测定才能估量实验误差,才能对测定数据做统一的判断。但重复测定的次数,应在满足实验目的前提下尽量少一些。例如,要分析煤中某成分的含量时,一种方法是取样点比较少,但每个点取的试样都进行多次重复测定;另一种方法是取样点尽可能多一些,但每个点取的试样只进行较少次数的重复测定。当总的测定次数相同时,后一种实验方式比前一种更为合理。这是因为对煤来说,取样的代表性是一个关键性问题,增加重复测定的次数虽然提高了测定的精密度,但对提高测定结果的准确度、减少试样不均匀性引起的误差是无效的。同时还应注意,重复测定不能发现测定方法的系统误差。只有改变实验条件,才能发现系统误差。

（3）优化实验条件,完善测定方法

实验条件一般包括浓度、酸度、温度等。选定最佳的实验条件,是提高分析结果的精密度和准确度的重要手段,也是完善实验方法的重要环节。要客观地评价一种分析方法的优劣,通常有三项指标,即检出限、精密度、准确度。评价测定方法的准确度又可采用三种方法,一是采用已知的标准样品来检查该测定方法是否存在系统误差;二是用已知的标准测定方法的测定结果来对照拟实施的测定方法是否存在系统误差;三是采用测定回收率的方法检查系统误差。若用上述方法检查出拟实施的测定方法存在系统误差,说明采用该方法测定不准确。系统误差越大,该方法的准确度愈低。若通过上述方法未发现拟实施的测定方法存在系统误差,则说明采用该方法测定是准确的;而且拟实施的测定方法的测定结果与标准结果越接近,说明该方法的准确度越高。除此之外,还要考虑到测定方法的测定速度、应用范围、复杂程度、成本、操作安全性及创新性与污染程度等因素,这样才能对拟实施的测定方法做出比较全面的综合评价。

（4）确定测定方法

根据上述步骤即可确定一项分析任务的测定方法。一个完整的测定方法由以下内容组成:适用范围、引用标准、术语、符号、代号、方法提要或原理、试剂和材料、仪器设备、样品、测定步骤、分析结果表示、精密度以及其他附加说明等。

3. 水泥生产中常用的物料系统分析方案

（1）水泥系统分析方案

水泥系统分析方案之一——基准法的基本流程如图 4-4 所示。

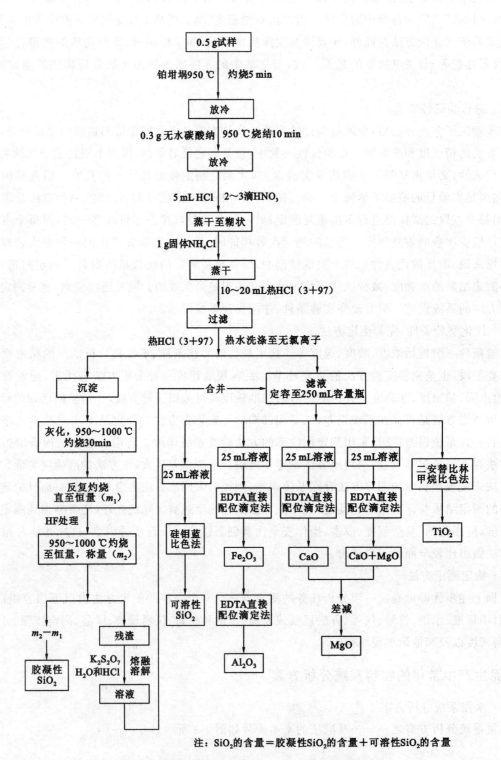

注：SiO₂的含量＝胶凝性SiO₂的含量＋可溶性SiO₂的含量

图4-4　水泥系统分析方案之一——基准法的流程图

水泥系统分析方案之二——代用法基本流程如图 4-5 所示。

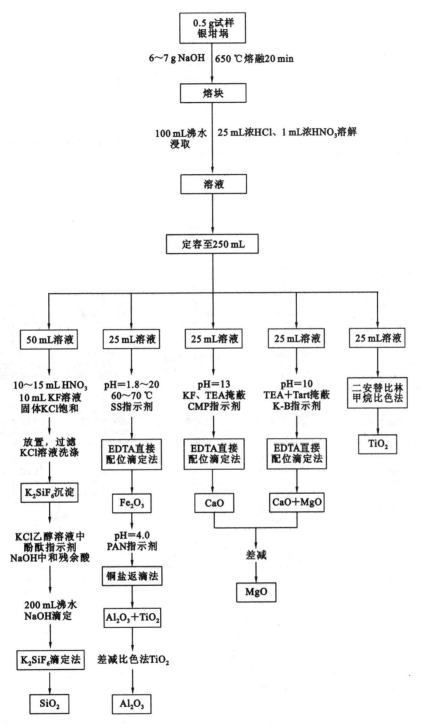

图 4-5　水泥系统分析方案之二——代用法流程图

（2）石灰石系统分析方案

石灰石常用的系统分析方案有两种，其基本流程分别如图 4-6 和图 4-7 所示。

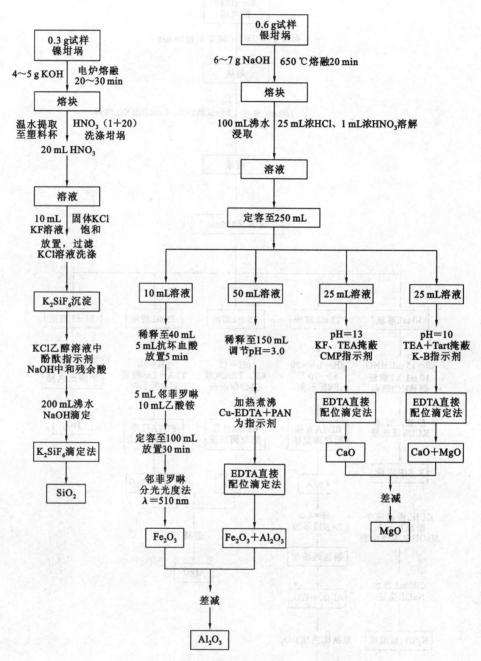

图 4-6　石灰石系统分析方案（一）流程图

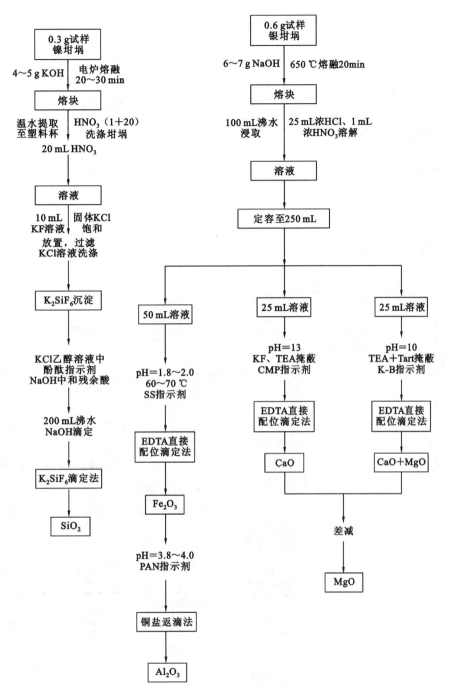

图 4-7 石灰石系统分析方案(二)流程图

（3）铁质校正原料系统分析方案

铁质校正原料常用系统分析方案有两种,其基本流程分别如图 4-8 和图 4-9 所示。

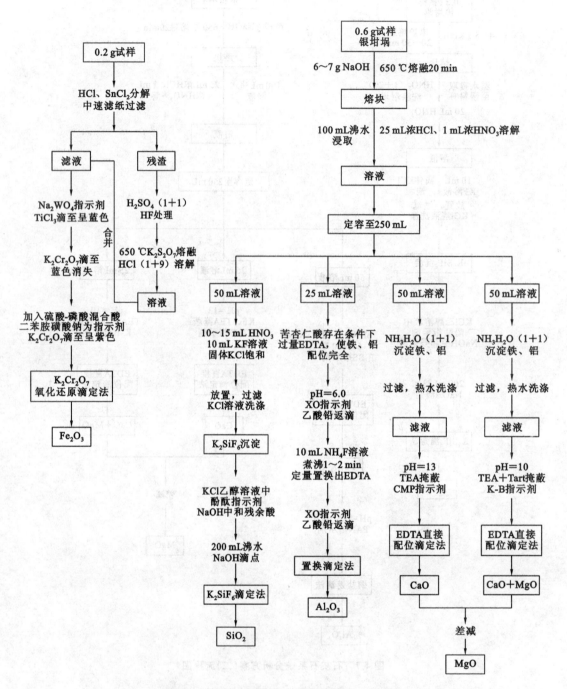

图 4-8　铁质校正原料系统分析方案(一)流程图

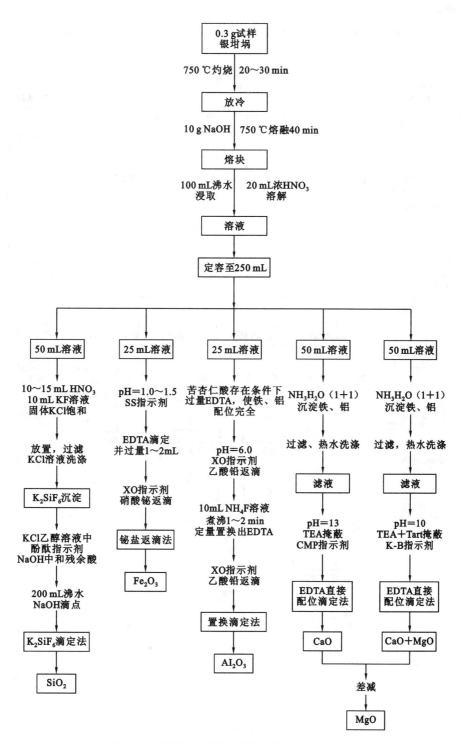

图 4-9　铁质校正原料系统分析方案(二)流程图

（4）石膏系统分析方案

石膏常用的系统分析方案有两种，其基本流程分别如图 4-10 和图 4-11 所示。

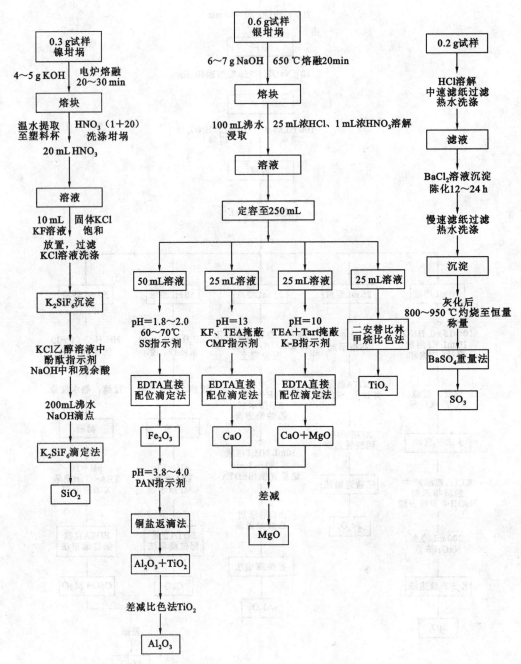

图 4-10　石膏系统分析方案（一）流程图

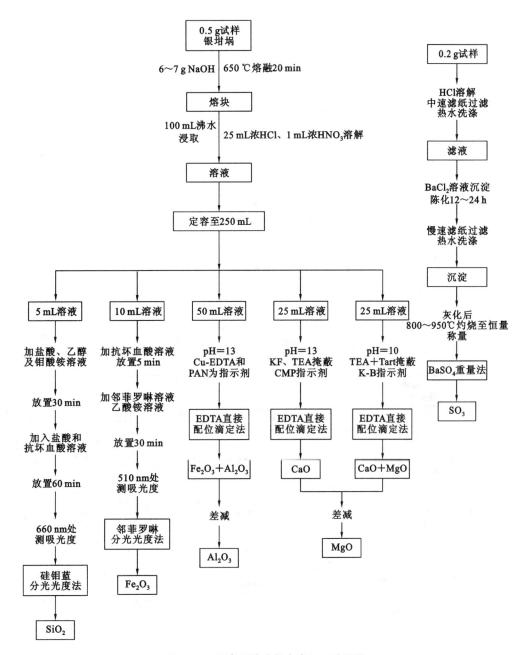

图 4-11 石膏系统分析方案(二)流程图

（5）黏土系统分析方案

黏土常用的系统分析方案有两种，其基本流程分别如图 4-12 和图 4-13 所示。

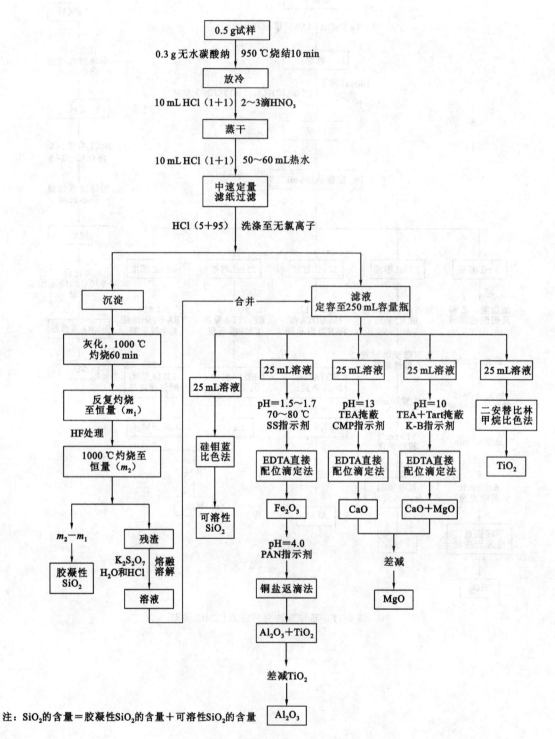

注：SiO₂的含量＝胶凝性SiO₂的含量＋可溶性SiO₂的含量

图 4-12　黏土系统分析方案(一)流程图

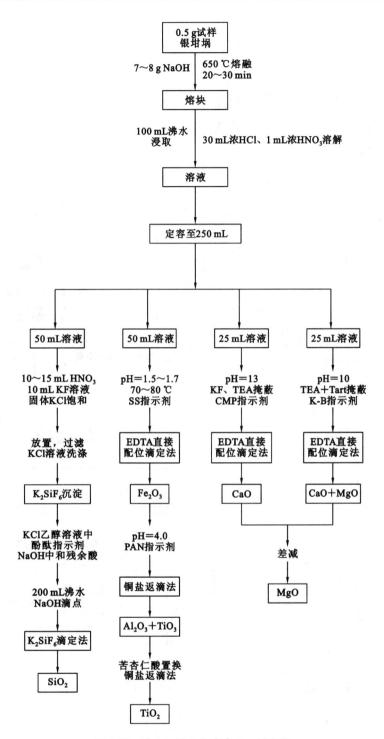

图 4-13　黏土系统分析方案(二)流程图

（6）硅质校正原料系统分析方案

硅质校正原料常用的系统分析方案有两种，其基本流程如图 4-14 和图 4-15 所示。

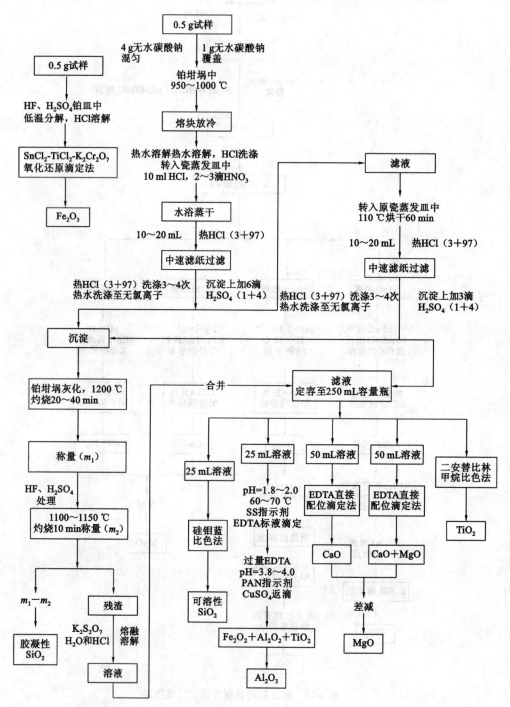

注：SiO$_2$的含量＝胶凝性SiO$_2$的含量＋可溶性SiO$_2$的含量

图 4-14　硅质原料系统分析方案（一）流程图

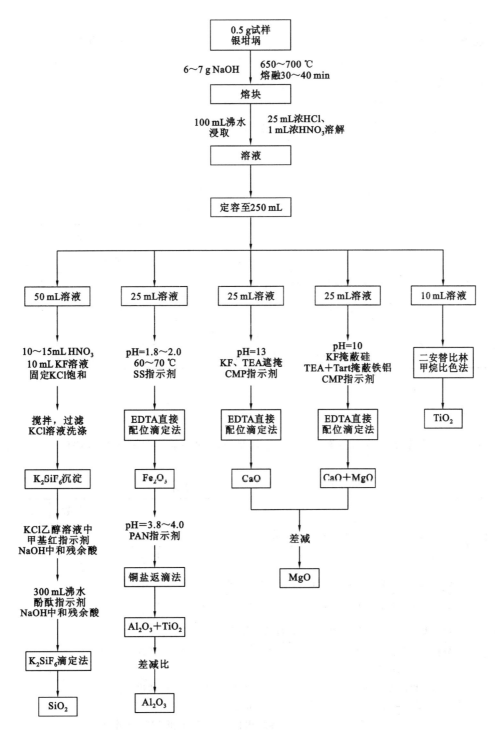

图 4-15　硅质原料系统分析方案(二)流程图

【项目实施】

1. 项目实施要求

　　从水泥生产中常用原材料、水泥生料、水泥熟料及水泥成品中选择一种物料,制订物料化学成分全分析方案,并按分析方案完成包括物料常量组分和微量组分在内的化学成分全分析。在项目实施

过程中,要求做到以下几点:

(1) 能够通过查阅资料、小组讨论等方式,制订出合理、符合实际的分析方案;

(2) 能够准备分析检测所需的仪器与设备,配制所需的普通试剂溶液、标准溶液等;

(3) 按照分析方案,完成试样各组分含量的测定;

(4) 对分析结果进行数据处理,完成检测报告的撰写;

(5) 以小组为单位,完成答辩材料的制作,参与答辩。

2. 项目实施安排

本项目的实施采用整周实训的方式,具体安排可参考表 4-3。

表 4-3　项目实施安排表

时间	主要内容	实施方式
第 1 天	选择分析物料,制订分析方案	查阅资料、小组讨论
第 2 天	制备与分解试样,制备所需的试剂溶液	分组实施,分工合作
第 3 天	测定试样化学成分的含量,分析整理数据	分组实施,分工合作
第 4 天	测定试样化学成分的含量,分析整理数据	分组实施,分工合作
第 5 天	准备汇报材料,参与考核评价	分组答辩

【考核评价】

本项目的考核根据系统分析方案制订、组分含量测定和答辩情况进行综合评价,具体评分细则见表 4-4。

表 4-4　化学成分全分析综合训练评分表

项目	技术要求	分数	得分	备注
分析方案制订	分析试样的制备与分解方法正确合理	5		
	各组分测定方法选择科学,测定条件控制恰当,干扰组分考虑全面	10		
组分含量测定	操作过程:操作程序安排合理,仪器设备使用熟练、规范,过程衔接好	15		
	原始记录表格设计信息全面,记录及时、规范	5		
	数据处理及有效数字运算正确,分析结果计算正确	5		
	分析结果的精密度好:结合测定组分含量及分析方法,根据平行测定结果的相对标准偏差扣分	20		
	分析结果的准确度高:测定结果在允许偏差范围内,不扣分;超出允许偏差范围,根据超差程度扣分,直至该项分值扣完	20		
答辩	汇报内容全面、详细,资料充分,内容组织科学严谨,汇报 PPT 制作质量高	10		
	语言表达通顺、流畅,声音洪亮,回答问题准确	5		
	团队分工协作、相互配合	5		
合计		100		

【拓展提高】

对于物料化学成分全分析,除了采用传统的化学分析方法之外,水泥生产企业通常还采用 X 射线荧光光谱分析进行物料全分析。随着电子技术、计算机技术及高真空技术的发展,X 射线荧光光谱分析也很快发展起来。近年来,X 射线荧光光谱分析在水泥生产中得到了越来越广泛的应用。

1. X 射线荧光光谱分析的基本原理

试样受 X 射线照射后,其中各元素原子的内层电子(K、L 或 M 层)被激发而引起电子跃迁,并发射出该元素的特征谱线荧光。每一种元素都有其特定波长的特征 X 射线荧光光谱,通过测定试样中特征谱线的波长,便可确定存在何种元素,即为 X 射线荧光光谱定性分析;元素特征谱线的强度与该元素在试样中的原子数量(即含量)成比例,因此,通过测量试样中某元素特征 X 射线的强度,采用适当的方法进行校准与校正,便可求出该元素在试样中的百分含量,即为 X 射线荧光光谱定量分析。

与传统的化学分析方法比较,X 射线荧光光谱分析具有下列优点:

- 分析元素范围广,从 4 号元素 Be 到 92 号元素 U 均可测定;
- X 射线荧光谱线简单,相互干扰少,分析快速简便;
- 分析含量范围广,从常量组分到微量组分均可分析;
- 分析样品不会被破坏,试样不会发生化学变化;
- 对分析试样的物理状态不作要求,固体、粉末、晶体、非晶体均可,且不受被测元素的化学状态的影响。

2. X 射线荧光光谱仪

X 射线荧光光谱仪的型号众多,按照不同的分类方式,可分为以下几种类型:按分光方式分为波长色散型(波谱仪)和能量色散型(能谱仪);按同时分析的元素数目分为单道式和多道式。目前,新型干法水泥生产企业使用的 X 射线荧光光谱仪多为多道式波长色散型 X 射线荧光光谱仪。

波长色散型 X 射线荧光光谱仪通常由激发系统、分光系统、探测系统和记录系统四大部分组成。

(1) 激发系统

目前,X 射线荧光光谱仪多用 X 射线光管作为激发源。X 射线光管是带有阴、阳极的高压真空管,阴极用钨丝制成,被加热至白炽状态时可发射电子。电子在高压作用下,以极高的速度轰击阳极(靶),产生连续的 X 射线和靶材料元素的特征 X 射线,即为一次 X 射线。一次 X 射线以一定角度照射试样表面,使试样中的各种元素发射出各自的特征 X 射线荧光,进入分光系统。

X 射线光管是一种应用最为广泛的 X 射线激发源,它具有输出功率高、输出强度恒定、操作温度低和使用寿命长等特点。

(2) 分光系统

波长色散型 X 射线荧光光谱分析是根据特征谱线的波长来鉴别元素的。从样品中发射出来的 X 射线荧光光谱中,不同元素的谱线混在一起,必须分开才能鉴别。分光系统通常使用平面晶体或凹面晶体,利用单晶的衍射性能将 X 射线荧光按波长顺序分开,所使用的晶体称为分光晶体。

用于分光系统的分光晶体应满足下列条件:

- 适合于所需要测量的分析线的波长范围,并且衍射强度大;
- 分辨率高,即具有较高的色散率和较窄的衍射峰宽度;
- 不产生异常反射线,不产生晶体荧光,不含干扰元素;
- 稳定性好,要求温度系数小,在水蒸气、空气、X 射线中曝光时的稳定性要好;
- 机械性能良好。

(3) 探测系统

探测系统实际上是一种能量转化装置,用来接收 X 射线,通过能量转化(光能转化为电能)将其变成可探测信号,然后通过电子测量装置进行测量。在入射 X 射线与探测器活性材料的相互作用下产生电子,由这些电子形成的电流经电容和电阻产生脉冲电压,脉冲电压的大小与 X 射线的能量成正比。在 X 射线荧光光谱仪上,一般波长色散型的仪器用闪烁计数管和正比计数管探测器,能量色散型的仪器用 Si(Li)半导体探测器。

（4）记录系统

记录系统的主要作用是记录来自探测系统的微弱电脉冲信号,通常由放大器、脉冲高度分析器和读数显示器三部分组成。对记录系统的基本要求是响应时间要比探测器能够分辨的两个相邻脉冲时间短,否则不能达到精确记录光子数的目的。

3. X 射线荧光光谱定量分析方法

X 射线荧光光谱分析是依据元素特征 X 射线荧光的强度与该元素在试样中的原子数量（即含量）成正比进行定量分析的。对于水泥生产常用物料的化学成分分析,多采用标准曲线法,即事先建立X 射线荧光的强度与元素含量之间的关系,即工作曲线,然后通过测量被测样品中元素特征 X 射线的强度,从工作曲线上查出被测元素的含量。

（1）标准样品的制备

在制作工作曲线时,首先需要制备一组标准样品,用化学分析方法准确测定其中各元素的质量百分数。标准样品的制备应遵循以下原则:

① 标准样品的基体应与待测试样大致相同,以尽量减小基体效应的影响。通常采用企业实际使用的原材料、中间产品及产品,辅之以纯化学试剂或已知准确数据的标准样品,由人工进行配制。

② 系列标准样品各元素的质量百分数要有各自的变化梯度,其质量百分数的范围要覆盖实际试样可能达到的整个范围,一般要制备 10 个左右的标准样品。不能直接使用实际生产过程中的若干个样品作为标准样品,因其成分的变化范围很窄,得到的工作曲线应用范围就很窄,当生产配料稍作调整后,就可能超出工作曲线的适用范围。通常是以生产实际物料为基础,向其中配入不同量的化学试剂,使各元素的质量百分数有一定的变化,制备一系列的标准样品,这样制作出的工作曲线才有实用价值。

③ 标准样品与待测试样的物理与化学状态、颗粒度及填充度等尽可能接近。

④ 标准样品的物理状态与化学性质要稳定,不变质,能长期保存。

（2）标准样品的制片方法

在进行样品分析前,需要将粉末状的样品制成一定尺寸、表面光洁平整的试样片。制备试样片的方法有熔融铸片法和粉末直接压片法,前者效果好,但用时较长、操作复杂;后者操作简便,但影响测定结果的因素较多。目前,水泥生产企业多采用粉末直接压片法制备试样片。

采用粉末直接压片法制备试样片时,应注意以下问题:

① 在压制样品片前,要将粉末样品磨细至同一细度,因此,样品粉磨的设备、粉磨时间、助磨剂加入量等影响粉磨效果的因素要一致;

② 样品片的堆积密度尽可能一致,因此,每次倒入模具的样品量要大体相同,同时要严格控制压片时的压力和时间;

③ 制成的样品片表面要光洁,无凹陷,无裂纹,否则应弃去重压;

④ 所用钢环要干净,不易变形;

⑤ 标准样品片要在背面编号,储存在干燥器中。

（3）标准曲线的绘制

制备好标准样品片后,按照仪器的操作规程,选择合适的分析测定条件,测定标准样品的 X 射线荧光光谱强度,以强度对标准样品中待测元素的质量百分数绘制工作曲线。在大型 X 射线荧光光谱仪中可由计算机自动绘制工作曲线并储存起来。

绘制工作曲线时,一般采用最小二乘法求得一条回归直线,其相关系数越接近1,表示各点之间的线性关系越好。在水泥试样分析中,氧化钙和二氧化硅工作曲线的相关系数要大于0.98,其余元素工作曲线的相关系数要大于0.95。如达不到上述要求,可舍弃1~2个离散点,或对离散度大的标准样品重新测定。

工作曲线绘制好以后,要用1~2个国家标准物质进行验证,如果结果符合分析要求,则制作的工作曲线可以用于定量分析。

(4)试样的测定

按照与制备标准样品片时相同的方法制备待测试样片,在相同的仪器工作条件下,测定其各元素的X射线荧光光谱强度,从工作曲线上查得各元素的质量百分数,或由计算机利用分析软件直接给出各元素的含量。

近年来,随着X射线荧光光谱仪的发展,大多数新型干法水泥生产企业均采用X射线荧光光谱仪进行生产质量的控制,其为生产配料的全自动控制、产品质量的提高提供了重要保证,成为新型干法水泥生产企业自动化控制的重要组成部分。

附录 1　课程考核评价用表

附表 1　项目任务考核平时成绩评分表

班级：　　　　　　　　　姓名：　　　　　　　　　学号：

项	目	技术要求	分值	得分	备注
出　勤		不缺勤,不迟到、早退	5		
作　业		按时完成,正确率高	5		
分析方案		分析方案完整,切实可行	15		
操作过程	工作态度	态度端正,积极主动	5		
	原始记录	记录及时完整,清晰规范,数据真实,无涂改	10		
	操作规范性	操作认真规范,仪器设备使用严格按操作规程,无操作事故发生	15		
	工作习惯	工作台整洁有序,操作完成后及时打扫整理	5		
分析报告	数据处理与结果计算	有效数字位数保留正确,结果计算公式正确,结果计算及表达方式正确	10		
	结果的精密度	完成规定平行测定次数,数据精密度好,相对偏差小	15		
	结果的准确度	与标准结果比较,在允许偏差范围内不扣分,超差根据测定项目要求酌情扣分	10		
	报告结论及讨论	报告结论明确,分析讨论合理	5		
总　分			100		

附表 2　项目任务考核操作技能评分表(滴定分析)

班级：　　　　　　　　姓名：　　　　　　　　学号：

项　　目	技术要求	分数	得分	备注
称样过程	使用前准备:检查、清扫、调零 使用过程:加减试样、砝码轻拿轻放,使用完毕关闭电子天平 使用后检查:取样正确,回零检查	10		
试样分解与试液制备	玻璃仪器洗涤正确,试样分解方法及操作正确,洗涤、转移完全,稀释、摇匀正确	15		
移取试液	① 移液管插入液面部位正确; ② 正确使用洗耳球,两手配合协调,能一次吸至标线以上; ③ 调节液面姿势正确,并能准确判断与控制; ④ 放液操作姿势正确,并能按要求进行	15		
滴定过程	① 滴定管准备步骤正确,最后液面调为 0.00 mL; ② 活塞控制手法正确,玻璃棒在烧杯中的搅拌方法正确,两手能协调配合,滴定姿势正确; ③ 读数姿势正确,并能准确读出数字	15		
实验数据记录	随手记录实验数据,记录数据有效数字位数正确	10		
操作衔接与实验习惯	操作快速规范,在规定时间内完成;实验习惯好,安全操作,台面整洁,操作后及时整理	10		
分析结果	分析结果计算正确,测定结果在允许误差范围内,准确性得分满分;超出允许误差范围,按超出范围程度扣分,直至扣完	25		
合　　计		100		

附表 3　项目任务考核操作技能评分表(仪器分析)

班级：　　　　　　　　姓名：　　　　　　　　学号：

项　　目	技术要求	分值	得分	备注
试样溶液的准备	试样称量准确,分解试样加入试剂正确,操作规范,理解所加试剂作用	10		
标准系列的配制	移液管、容量瓶使用熟练,操作规范,试剂加入顺序与加入量正确,理解所加试剂作用	20		
仪器准备与调校	仪器开机操作、预热时间符合要求,分析条件选择适当	10		
测量过程	正确使用测量仪器,测量条件选择适当,标准溶液与被测样品同时测量	20		
实验数据记录	随手记录实验数据,记录数据有效数字位数正确	10		
结果计算	结果计算正确,实验结果准确,在测定项目允许偏差范围内	20		
操作衔接与实验习惯	操作快速规范,在规定时间内完成;实验习惯好,安全操作,台面整洁,操作后及时整理	10		
合　　计		100		

附表4　项目任务考核技能操作成绩评分表(称量分析)

班级：　　　　　　　　　　姓名：　　　　　　　　　学号：

项　　目	技术要求	分值	得分	备注
分析准备	玻璃仪器洗涤正确;试剂、溶液及仪器设备准备充分,无遗漏	5		
试样制备与分解	试样称量操作规范;试样分析方法选择恰当,操作规范;试样预处理方法正确	5		
沉淀操作	能够根据沉淀类型不同,选择不同的沉淀条件;晶形沉淀:稀、热、搅、慢、陈	10		
过滤、洗涤沉淀	滤纸选择正确;滤纸与漏斗贴合紧密,形成完整水柱;能够严格按倾泻法进行过滤操作,沉淀转移完全;洗涤液选择适当,洗涤沉淀操作规范,会检查沉淀是否洗涤干净	20		
BH 烘干、灰化	沉淀包裹操作正确;灰化操作规范,无明火产生;灰化完全,呈灰白色;坩埚盖斜置于坩埚上,不留缝隙	10		
灼烧、恒量	高温炉、干燥器使用正确、规范;灼烧温度选择正确;冷却置于干燥器中,冷却时间一致	10		
原始记录	能够及时记录原始数据;数据有效数字位数保留正确;记录数据真实、无涂改	10		
测定结果	测定结果在允许偏差范围内,不扣分;超出允许偏差范围,根据超差程度扣分,直至该项分值扣完	20		
操作衔接与实验习惯	操作快速规范,在规定时间内完成;实验习惯好,安全操作,台面整洁,操作后及时整理	10		
合　　计		100		

注:煤的工业分析、烧失量测定等项目可参考此表进行评分。

附录 2　常见弱酸、弱碱的解离平衡常数

弱酸/弱碱	分子式	解离常数 K	pK
砷酸	H_3AsO_4	$6.3\times10^{-3}\,(K_{a1})$ $1.0\times10^{-7}\,(K_{a2})$ $3.2\times10^{-12}\,(K_{a3})$	2.20 7.00 11.50
亚砷酸	$HAsO_2$	6.0×10^{-10}	9.22
硼酸	H_3BO_3	5.8×10^{-10}	9.24
焦硼酸	$H_2B_4O_7$	$1.0\times10^{-4}\,(K_{a1})$ $1.0\times10^{-9}\,(K_{a2})$	4 9
碳酸	H_2CO_3	$4.2\times10^{-7}\,(K_{a1})$ $5.6\times10^{-11}\,(K_{a2})$	6.38 10.25
氢氰酸	HCN	6.2×10^{-10}	9.21
铬酸	H_2CrO_4	$1.8\times10^{-1}\,(K_{a1})$ $3.2\times10^{-7}\,(K_{a2})$	0.74 6.50
氢氟酸	HF	6.6×10^{-4}	3.18
亚硝酸	HNO_2	5.1×10^{-4}	3.29
过氧化氢	H_2O_2	1.8×10^{-12}	11.75
磷酸	H_3PO_4	$7.6\times10^{-3}\,(>K_{a1})$ $6.3\times10^{-3}\,(K_{a2})$ $4.4\times10^{-13}\,(K_{a3})$	2.12 7.2 12.36
焦磷酸	$H_4P_2O_7$	$3.0\times10^{-2}\,(K_{a1})$ $4.4\times10^{-3}\,(K_{a2})$ $2.5\times10^{-7}\,(K_{a3})$ $5.6\times10^{-10}\,(K_{a4})$	1.52 2.36 6.60 9.25
亚磷酸	H_3PO_3	$5.0\times10^{-2}\,(K_{a1})$ $2.5\times10^{-7}\,(K_{a2})$	1.30 6.60
氢硫酸	H_2S	$1.3\times10^{-7}\,(K_{a1})$ $7.1\times10^{-15}\,(K_{a2})$	6.88 14.15
硫酸	HSO_4^-	$1.0\times10^{-2}\,(K_{a1})$	1.99
亚硫酸	H_3SO_3	$1.3\times10^{-2}\,(K_{a1})$ $6.3\times10^{-8}\,(K_{a2})$	1.90 7.20
偏硅酸	H_2SiO_3	$1.7\times10^{-10}\,(K_{a1})$ $1.6\times10^{-12}\,(K_{a2})$	9.77 11.8
甲酸	$HCOOH$	1.8×10^{-4}	3.74
乙酸	CH_3COOH	1.8×10^{-5}	4.74

弱酸/弱碱	分子式	解离常数 K	pK
一氯乙酸	$CH_2ClCOOH$	1.4×10^{-3}	2.86
二氯乙酸	$CHCl_2COOH$	5.0×10^{-2}	1.30
三氯乙酸	CCl_3COOH	0.23	0.64
抗坏血酸	$C_6H_8O_6$	$5.0 \times 10^{-5}(K_{a1})$ $1.5 \times 10^{-10}(K_{a2})$	4.30 9.82
乳酸	$CH_3CHOHCOOH$	1.4×10^{-4}	3.86
苯甲酸	C_6H_5COOH	6.2×10^{-5}	4.21
草酸	$H_2C_2O_4$	$5.9 \times 10^{-2}(K_{a1})$ $6.4 \times 10^{-5}(K_{a2})$	1.22 4.19
酒石酸	$CH(OH)COOH$ $CH(OH)COOH$	$9.1 \times 10^{-4}(K_{a1})$ $4.3 \times 10^{-5}(K_{a2})$	3.04 4.37
邻苯二甲酸	$C_6H_4(COOH)_2$	$1.1 \times 10^{-3}(K_{a1}>)$ $3.9 \times 10^{-6}(K_{a2})$	2.95 5.41
柠檬酸	$C_6H_8O_7$	$7.4 \times 10^{-4}(K_{a1})$ $1.7 \times 10^{-5}(K_{a2})$ $4.0 \times 10^{-7}(K_{a3})$	3.13 4.76 6.40
苯酚	C_6H_5OH	1.1×10^{-10}	9.95
乙二胺四乙酸	$H_6\text{-EDTA}^{2+}$ $H_5\text{-EDTA}^+$ $H_4\text{-EDTA}$ $H_3\text{-EDTA}^-$ $H_2\text{-EDTA}^{2-}$ $H\text{-EDTA}^{3-}$	$0.1(K_{a1})$ $3 \times 10^{-2}(K_{a2})$ $1 \times 10^{-2}(K_{a3})$ $2.1 \times 10^{-3}(K_{a4})$ $6.9 \times 10^{-7}(K_{a5})$ $5.5 \times 10^{-11}(K_{a6})$	0.9 1.6 2.0 2.67 6.17 10.26
氨水	NH_3	1.8×10^{-5}	4.74
联氨	H_2NNH_2	$3.0 \times 10^{-6}(K_{b1})$ $1.7 \times 10^{-5}(K_{b2})$	5.52 14.12
羟胺	NH_2OH	9.1×10^{-6}	8.04
甲胺	CH_3NH_2	4.2×10^{-4}	3.38
乙胺	$C_2H_5NH_2$	5.6×10^{-4}	3.25
二甲胺	$(CH_3)_2NH$	1.2×10^{-4}	3.93
二乙胺	$(C_2H_5)_2NH$	1.3×10^{-3}	2.89
乙醇胺	$HOCH_2CH_2NH_2$	3.2×10^{-5}	4.50
三乙醇胺	$(HOCH_2CH_2)_3N$	5.8×10^{-7}	6.24
六次甲基四胺	$(CH_2)_6N_4$	1.4×10^{-9}	8.85
乙二胺	$H_2NHC_2CH_2NH_2$	$8.5 \times 10^{-5}(K_{b1})$ $7.1 \times 10^{-8}(K_{b2})$	4.07 7.15
吡啶	C_5H_5N	1.7×10^{-5}	8.77

附录 3　常见化合物的摩尔质量

化合物	摩尔质量 (g/mol)	化合物	摩尔质量 (g/mol)	化合物	摩尔质量 (g/mol)
Ag_3AsO_4	462.52	$FeSO_4 \cdot 7H_2O$	278.01	$(NH_4)_2C_2O_4$	124.10
$AgBr$	187.77	$Fe(NH_4)_2(SO_4)_2 \cdot 6H_2O$	392.13	$(NH_4)_2C_2O_4 \cdot H_2O$	142.11
$AgCl$	143.32	H_3AsO_3	125.94	NH_4SCN	76.12
$AgCN$	133.89	H_3ASO_4	141.94	NH_4HCO_3	79.06
$AgSCN$	165.95	H_3BO_3	61.83	$(NH_4)_2MoO_4$	196.01
$AlCl_3$	133.34	HBr	80.91	NH_4NO_3	80.04
Ag_2CrO_4	331.73	HCN	27.03	$(NH_4)_2HPO_4$	132.06
AgI	234.77	$HCOOH$	46.03	$(NH_4)_2S$	68.14
$AgNO_3$	169.87	CH_3COOII	60.05	$(NH_4)_2SO_4$	132.13
$AlCl_3 \cdot 6H_2O$	241.43	H_2CO_3	62.02	NH_4VO_3	116.98
$Al(NO_3)_3$	213.00	$H_2C_2O_4$	90.04	Na_3AsO_3	191.89
$Al(NO_3)_3 \cdot 9H_2O$	375.13	$H_2C_2O_4 \cdot 2H_2O$	126.07	$Na_2B_4O_7$	201.22
Al_2O_3	101.96	$H_2C_4H_4O_4$ （丁二酸）	118.09	$Na_2B_4O_7 \cdot 10H_2O$	381.37
$Al(OH)_3$	78.00	$H_2C_4H_4O_6$ （酒石酸）	150.09	$NaBiO_3$	279.97
$Al_2(SO_4)_3$	342.14	$H_3C_6H_5O_7 \cdot H_2O$ （柠檬酸）	210.14	$NaCN$	49.01
$Al_2(SO_4)_3 \cdot 18H_2O$	666.41	$H_2C_4H_4O_5$ （DL-苹果酸）	134.09	$NaSCN$	81.07
As_2O_3	197.84	$HC_3H_6NO_2$ （DL-α-丙氨酸）	89.10	Na_2CO_3	105.99
As_2O_5	229.84	HCl	36.46	$Na_2CO_3 \cdot 10H_2O$	286.14
As_2S_3	246.03	HF	20.01	$Na_2C_2O_4$	134.00
$BaCO_3$	197.34	HI	127.91	CH_3COONa	82.03
BaC_2O_4	225.35	HIO_3	175.91	$CH_3COONa \cdot 3H_2O$	136.08

化合物	摩尔质量 (g/mol)	化合物	摩尔质量 (g/mol)	化合物	摩尔质量 (g/mol)
$BaCl_2$	208.24	HNO_2	47.01	$Na_3C_6H_5O_7$ （柠檬酸钠）	258.07
$BaCl_2 \cdot 2H_2O$	244.27	HNO_3	63.01	$NaC_5H_8NO_4 \cdot H_2O$ （L-谷氨酸钠）	187.13
$BaCrO_4$	253.32	H_2O	18.015	$NaCl$	58.44
BaO	153.33	H_2O_2	34.02	$NaClO$	74.44
$Ba(OH)_2$	171.34	H_3PO_4	98.00	$NaHCO_3$	84.01
$BaSO_4$	233.39	H_2S	34.08	$Na_2HPO_4 \cdot 12H_2O$	358.14
$BiCl_3$	315.34	H_2SO_3	82.07	$Na_2H_2C_{10}H_{12}O_8N_2$ （EDTA 二钠盐）	336.21
$BiOCl$	260.43	H_2SO_4	98.07	$Na_2H_2C_{10}H_{12}O_8N_2 \cdot 2H_2O$	372.24
CO_2	44.01	$Hg(CN)_2$	252.63	$NaNO_2$	69.00
CaO	56.08	$HgCl_2$	271.50	$NaNO_3$	85.00
$CaCO_3$	100.09	Hg_2Cl_2	472.09	Na_2O	61.98
CaC_2O_4	128.10	HgI_2	454.40	Na_2O_2	77.98
$CaCl_2$	110.99	$Hg_2(NO_3)_2$	525.19	$NaOH$	40.00
$CaCl_2 \cdot 6H_2O$	219.08	$Hg_2(NO_3)_2 \cdot 2H_2O$	561.22	Na_3PO_4	163.94
$Ca(NO_3)_2 \cdot 4H_2O$	236.15	$Hg(NO_3)_2$	324.60	Na_2S	78.04
$Ca(OH)_2$	74.09	HgO	216.59	$Na_2S \cdot 9H_2O$	240.18
$Ca_3(PO_4)_2$	310.18	HgS	232.65	Na_2SO_3	126.04
$CaSO_4$	136.14	$HgSO_4$	296.65	Na_2SO_4	142.04
$CdCO_3$	172.42	Hg_2SO_4	497,24	$Na_2S_2O_3$	158.10
$CdCl_2$	183.82	$KAl(SO_4)_2 \cdot 12H_2O$	474.38	$Na_2S_2O_3 \cdot 5H_2O$	248.17
CdS	144.47	KBr	119.00	$NiCl_2 \cdot 6H_2O$	237.70
$Ce(SO_4)_2$	332.24	$KBrO_3$	167.00	NiO	74.70
$Ce(SO_4)_2 \cdot 4H_2O$	404.30	KCl	74.55	$Ni(NO_3)_2 \cdot 6H_2O$	290.80
$CoCl_2$	129.84	$KClO_3$	122.55	NiS	90.76
$CoCl_2 \cdot 6H_2O$	237.93	$KClO_4$	138.55	$NiSO_4 \cdot 7H_2O$	280.86
$Co(NO_3)_2$	182.94	KCN	65.12	$Ni(C_4H_7N_2O_2)_2$ （丁二酮肟合镍）	288.91
$Co(NO_3)_2 \cdot 6H_2O$	291.03	$KSCN$	97.18	P_2O_5	141.95

续表

化合物	摩尔质量 (g/mol)	化合物	摩尔质量 (g/mol)	化合物	摩尔质量 (g/mol)
CoS	90.99	K_2CO_3	138.21	$PbCO_3$	267.21
$CoSO_4$	154.99	$K2CrO_4$	194.19	PbC_2O_4	295.22
$CoSO_4 \cdot 7H_2O$	281.10	$K_2Cr_2O_7$	294.18	$PbCl_2$	278.10
$CO(NH_2)_2$（尿素）	60.06	$K_3Fe(CN)_6$	329.25	$PbCrO_4$	323.19
$CS(NH_2)_2$（硫脲）	76.116	$K_4Fe(CN)_6$	368.35	$Pb(CH_3COO)_2 \cdot 3H_2O$	379.30
C_6H_5OH	94.113	$KFe(SO_4)_2 \cdot 12H_2O$	503.24	$Pb(CH_3COO)_2$	325.29
CH_2O	30.03	$KHC_2O_4 \cdot H_2O$	146.14	PbI_2	461.01
$C_{14}H_{14}N_3O_3SNa$（甲基橙）	327.33	$KHC_2O_4 \cdot H_2C_2O_4 \cdot H_2O$	254.19	$Pb(NO_3)_2$	331.21
$C_6H_5NO_3$（硝基酚）	139.11	$KHC_4H_4O_6$（酒石酸氢钾）	188.18	PbO	223.20
$C_4H_8N_2O_2$（丁二酮肟）	116.12	$KHC_8H_4O_4$（邻苯二甲酸氢钾）	204.22	PbO_2	239.20
$(CH_2)_6N_4$（六亚甲基四胺）	140.19	$KHSO_4$	136.16	$Pb_3(PO_4)_2$	811.54
$C_7H_6O_6S \cdot 2H_2O$（磺基水杨酸）	254.22	KI	166.00	PbS	239.30
C_9H_6NOH（8-羟基喹啉）	145.16	KIO_3	214.00	$PbSO_4$	303.30
$C_{12}H_8N_2 \cdot H_2O$（邻菲罗啉）	198.22	$KIO_3 \cdot HIO_3$	389.91	SO_3	80.06
$C_2H_5NO_2$（氨基乙酸、甘氨酸）	75.07	$KMnO_4$	158.03	SO_2	64.06
$C_6H_{12}N_2O_4S_2$（L-胱氨酸）	240.30	$KNaC_4H_4O_6 \cdot 4H_2O$	282.22	$SbCl_3$	228.11
$CrCl_3$	158.36	KNO_3	101.10	$SbCl_5$	299.02
$CrCl_3 \cdot 6H_2O$	266.45	KNO_2	85.10	Sb_2O_3	291.50
$Cr(NO_3)_3$	238.01	K_2O	94.20	Sb_2S_3	339.68
Cr_2O_3	151.99	KOH	56.11	SiF_4	104.08
$CuCl$	99.00	K_2SO_4	174.25	SiO_2	60.08
$CuCl_2$	134.45	$MgCO_3$	84.31	$SnCl_2$	189.60
$CuCl_2 \cdot 2H_2O$	170.48	$MgCl_2$	95.21	$SnCl_2 \cdot 2H_2O$	225.63
$CuSCN$	121.62	$MgCl_2 \cdot 6H_2O$	203.30	$SnCl_4$	260.50
CuI	190.45	MgC_2O_4	112.33	$SnCl_4 \cdot 5H_2O$	350.58
$Cu(NO_3)_2$	187.56	$Mg(NO_3)_2 \cdot 6H_2O$	256.41	SnO_2	150.69

化合物	摩尔质量 (g/mol)	化合物	摩尔质量 (g/mol)	化合物	摩尔质量 (g/mol)
$Cu(NO_3) \cdot 3H_2O$	241.60	$MgNH_4PO_4$	137.32	SnS_2	150.75
CuO	79.54	MgO	40.30	$SrCO_3$	147.63
Cu_2O	143.09	$Mg(OH)_2$	58.32	SrC_2O_4	175.64
CuS	95.61	$Mg_2P_2O_7$	222.55	$SrCrO_4$	203.61
$CuSO_4$	159.06	$MgSO_4 \cdot 7H_2O$	246.47	$Sr(NO_3)_2$	211.63
$CuSO_4 \cdot 5H_2O$	249.68	$MnCO_3$	114.95	$Sr(NO_3)_2 \cdot 4H_2O$	283.69
$FeCl_2$	126.75	$MnCl_2 \cdot 4H_2O$	197.91	$SrSO_4$	183.69
$FeCl_2 \cdot 4H_2O$	198.81	$Mn(NO_3)_2 \cdot 6H_2O$	287.04	$ZnCO_3$	125.39
$FeCl_3$	162.21	MnO	70.94	$UO_2(CH_3COO)_2 \cdot 2H_2O$	424.15
$FeCl_3 \cdot 6H_2O$	270.30	MnO_2	86.94	ZnC_2O_4	153.40
$FeNH_4(SO_4)_2 \cdot 12H_2O$	482.18	MnS	87.00	$ZnCl_2$	136.29
$Fe(NO_3)_3$	241.86	$MnSO_4$	151.00	$Zn(CH_3COO)_2$	183.47
$Fe(NO_3)_3 \cdot 9H_2O$	404.00	$MnSO_4 \cdot 4H_2O$	223.06	$Zn(CH_3COO)_2 \cdot 2H_2O$	219.50
FeO	71.85	NO	30.01	$Zn(NO_3)_2$	189.39
Fe_2O_3	159.69	NO_2	46.01	$Zn(NO_3)_2 \cdot 6H_2O$	297.48
Fe_3O_4	231.54	NH_3	17.03	ZnO	81.38
$Fe(OH)_3$	106.87	CH_3COONH_4	77.08	ZnS	97.44
FeS	87.91	$NH_2OH \cdot HCl$ （盐酸羟氨）	69.49	$ZnSO_4$	161.54
Fe_2S_3	207.87	NH_4Cl	53.49	$ZnSO_4 \cdot 7H_2O$	287.55
$FeSO_4$	151.91	$(NH_4)_2CO_3$	96.09		

附录4 常用酸碱溶液的相对密度、质量分数与物质的量浓度对应表

相对密度 (15 ℃)	HCl		HNO₃		H₂SO₄	
	$w(\%)$	$c(\text{mol/L})$	$w(\%)$	$c(\text{mol/L})$	$w(\%)$	$c(\text{mol/L})$
1.02	4.13	1.15	3.70	0.6	3.1	0.3
1.04	8.16	2.3	7.26	1.2	6.1	0.6
1.05	10.2	2.9	9.0	1.5	7.4	0.8
1.06	12.2	3.5	10.7	1.8	8.8	0.9
1.08	16.2	4.8	13.9	2.4	11.6	1.3
1.10	20.0	6.0	17.1	3.0	14.4	1.6
1.12	23.8	7.3	20.2	3.6	17.0	2.0
1.14	27.7	8.7	23.3	4.2	19.9	2.3
1.15	29.6	9.3	24.8	4.5	20.9	2.5
1.19	37.2	12.2	30.9	5.8	26.0	3.2
1.20			32.3	6.2	27.3	3.4
1.25			39.8	7.9	33.4	4.3
1.30			47.5	9.8	39.2	5.2
1.35			55.8	12.0	44.8	6.2
1.40			65.3	14.5	50.1	7.2
1.42			69.8	15.7	52.2	7.6
1.45					55.0	8.2
1.50					59.8	9.2
1.55					64.3	10.2
1.60					68.7	11.2
1.65					73.0	12.3
1.70					77.2	13.4
1.84					95.6	18.0

相对密度 (15 ℃)	NH₃·H₂O		NaOH		KOH	
	$w(\%)$	$c(\text{mol/L})$	$w(\%)$	$c(\text{mol/L})$	$w(\%)$	$c(\text{mol/L})$
0.88	35.0	18.0				
0.90	28.3	15				
0.91	25.0	13.4				
0.92	21.8	11.8				
0.94	15.6	8.6				
0.96	9.9	5.6				
0.98	4.8	2.8				
1.05			4.5	1.25	5.5	1.0
1.10			9.0	2.5	10.9	2.1
1.15			13.5	3.9	16.1	3.3
1.20			18.0	5.4	21.2	4.5
1.25			22.5	7.0	26.1	5.8
1.30			27.0	8.8	30.9	7.2
1.35			31.8	10.7	35.5	8.5

附录5　难溶化合物的溶度积常数

分子式	K_{sp}	pK_{sp}	分子式	K_{sp}	pK_{sp}
Ag_3AsO_4	1.0×10^{-22}	22.0	Hg_2CrO_4	2.0×10^{-9}	8.70
$AgBr$	5.0×10^{-13}	12.3	Hg_2I_2	4.5×10^{-29}	28.35
$AgBrO_3$	5.50×10^{-5}	4.26	HgI_2	2.82×10^{-29}	28.55
$AgCl$	1.8×10^{-10}	9.75	$Hg_2(IO_3)_2$	2.0×10^{-14}	13.71
$AgCN$	1.2×10^{-16}	15.92	$Hg_2(OH)_2$	2.0×10^{-24}	23.7
Ag_2CO_3	8.1×10^{-12}	11.09	$HgSe$	1.0×10^{-59}	59.0
$Ag_2C_4O_4$	3.5×10^{-11}	10.46	$HgS(红)$	4.0×10^{-53}	52.4
$Ag_2Cr_2O_4$	1.2×10^{-12}	11.92	$HgS(黑)$	1.6×10^{-52}	51.8
$Ag_2Cr_2O_7$	2.0×10^{-7}	6.70	Hg_2WO_4	1.1×10^{-17}	16.96
AgI	8.3×10^{-17}	16.08	$Ho(OH)_3$	5.0×10^{-23}	22.30
$AgIO_3$	3.1×10^{-8}	7.51	$In(OH)_3$	1.3×10^{-37}	36.9
$AgOH$	2.0×10^{-8}	7.71	$InPO_4$	2.3×10^{-22}	21.63
Ag_2MoO_4	2.8×10^{-12}	11.55	In_2S_3	5.7×10^{-74}	73.24
Ag_3PO_4	1.4×10^{-16}	15.84	$La_2(CO_3)_3$	3.98×10^{-34}	33.4
Ag_2S	6.3×10^{-50}	49.2	$LaPO_4$	3.98×10^{-23}	22.43
$AgSCN$	1.0×10^{-12}	12.00	$Lu(OH)_3$	1.9×10^{-24}	23.72
Ag_2SO_3	1.5×10^{-14}	13.82	$Mg_3(AsO_4)_2$	2.1×10^{-20}	19.68
Ag_2SO_4	1.4×10^{-5}	4.84	$MgCO_3$	3.5×10^{-8}	7.46
Ag_2Se	2.0×10^{-64}	63.7	$MgCO_3 \cdot 3H_2O$	2.14×10^{-5}	4.67
Ag_2SeO_3	1.0×10^{-15}	15.00	$Mg(OH)_2$	1.8×10^{-11}	10.74
Ag_2SeO_4	5.7×10^{-8}	7.25	$Mg_3(PO_4)_2 \cdot 8H_2O$	6.31×10^{-26}	25.2
$AgVO_3$	5.0×10^{-7}	6.3	$Mn_3(AsO_4)_2$	1.9×10^{-29}	28.72
Ag_2WO_4	5.5×10^{-12}	11.26	$MnCO_3$	1.8×10^{-11}	10.74
$Al(OH)_3$①	4.57×10^{-33}	32.34	$Mn(IO_3)_2$	4.37×10^{-7}	6.36

分子式	K_{sp}	pK_{sp}	分子式	K_{sp}	pK_{sp}
$AlPO_4$	6.3×10^{-19}	18.24	$Mn(OH)_4$	1.9×10^{-13}	12.72
Al_2S_3	2.0×10^{-7}	6.7	MnS(粉红)	2.5×10^{-10}	9.6
$Au(OH)_3$	5.5×10^{-46}	45.26	MnS(绿)	2.5×10^{-13}	12.6
$AuCl_3$	3.2×10^{-25}	24.5	$Ni_3(AsO_4)_2$	3.1×10^{-26}	25.51
AuI_3	1.0×10^{-46}	46.0	$NiCO_3$	6.6×10^{-9}	8.18
$Ba_3(AsO_4)_2$	8.0×10^{-51}	50.1	NiC_4O_4	4.0×10^{-10}	9.4
$BaCO_3$	5.1×10^{-9}	8.29	$Ni(OH)_2$(新)	2.0×10^{-15}	14.7
BaC_4O_4	1.6×10^{-7}	6.79	$Ni_3(PO_4)_2$	5.0×10^{-31}	30.3
$BaCrO_4$	1.2×10^{-10}	9.93	α-NiS	3.2×10^{-19}	18.5
$Ba_3(PO_4)_2$	3.4×10^{-23}	22.44	β-NiS	1.0×10^{-24}	24.0
$BaSO_4$	1.1×10^{-10}	9.96	γ-NiS	2.0×10^{-26}	25.7
BaS_2O_3	1.6×10^{-5}	4.79	$Pb_3(AsO_4)_2$	4.0×10^{-36}	35.39
$BaSeO_3$	2.7×10^{-7}	6.57	$PbBr_2$	4.0×10^{-5}	4.41
$BaSeO_4$	3.5×10^{-8}	7.46	$PbCl_2$	1.6×10^{-5}	4.79
$Be(OH)_2$②	1.6×10^{-22}	21.8	$PbCO_3$	7.4×10^{-14}	13.13
$BiAsO_4$	4.4×10^{-10}	9.36	$PbCrO_4$	2.8×10^{-13}	12.55
$Bi_2(C_4O_4)_3$	3.98×10^{-36}	35.4	PbF_2	2.7×10^{-8}	7.57
$Bi(OH)_3$	4.0×10^{-31}	30.4	$PbMoO_4$	1.0×10^{-13}	13.0
$BiPO_4$	1.26×10^{-23}	22.9	$Pb(OH)_2$	1.2×10^{-15}	14.93
$CaCO_3$	2.8×10^{-9}	8.54	$Pb(OH)_4$	3.2×10^{-66}	65.49
$CaC_4O_4 \cdot H_2O$	4.0×10^{-9}	8.4	$Pb_3(PO_4)_3$	8.0×10^{-43}	42.10
CaF_2	2.7×10^{-11}	10.57	PbS	1.0×10^{-28}	28.00
$CaMoO_4$	4.17×10^{-8}	7.38	$PbSO_4$	1.6×10^{-8}	7.79
$Ca(OH)_2$	5.5×10^{-6}	5.26	PbSe	7.94×10^{-43}	42.1
$Ca_3(PO_4)_2$	2.0×10^{-29}	28.70	$PbSeO_4$	1.4×10^{-7}	6.84
$CaSO_4$	3.16×10^{-7}	5.04	$Pd(OH)_2$	1.0×10^{-31}	31.0
$CaSiO_3$	2.5×10^{-8}	7.60	$Pd(OH)_4$	6.3×10^{-71}	70.2
$CaWO_4$	8.7×10^{-9}	8.06	PdS	2.03×10^{-58}	57.69
$CdCO_3$	5.2×10^{-12}	11.28	$Pm(OH)_3$	1.0×10^{-21}	21.0
$CdC_4O_4 \cdot 3H_2O$	9.1×10^{-8}	7.04	$Pr(OH)_3$	6.8×10^{-22}	21.17

分子式	K_{sp}	pK_{sp}	分子式	K_{sp}	pK_{sp}
$Cd_3(PO_4)_2$	2.5×10^{-33}	32.6	$Pt(OH)_2$	1.0×10^{-35}	35.0
CdS	8.0×10^{-27}	26.1	$Pu(OH)_3$	2.0×10^{-20}	19.7
$CdSe$	6.31×10^{-36}	35.2	$Pu(OH)_4$	1.0×10^{-55}	55.0
$CdSeO_3$	1.3×10^{-9}	8.89	$RaSO_4$	4.2×10^{-11}	10.37
CeF_3	8.0×10^{-16}	15.1	$Rh(OH)_3$	1.0×10^{-23}	23.0
$CePO_4$	1.0×10^{-23}	23.0	$Ru(OH)_3$	1.0×10^{-36}	36.0
$Co_3(AsO_4)_2$	7.6×10^{-29}	28.12	Sb_2S_3	1.5×10^{-93}	92.8
$CoCO_3$	1.4×10^{-13}	12.84	ScF_3	4.2×10^{-18}	17.37
CoC_4O_4	6.3×10^{-8}	7.2	$Sc(OH)_3$	8.0×10^{-31}	30.1
$Co(OH)_2$(蓝)	6.31×10^{-15}	14.2	$Sm(OH)_3$	8.2×10^{-23}	22.08
$Co(OH)_2$(粉红,新沉淀)	1.58×10^{-15}	14.8	$Sn(OH)_2$	1.4×10^{-28}	27.85
$Co(OH)_2$(粉红,陈化)	2.00×10^{-16}	15.7	$Sn(OH)_4$	1.0×10^{-56}	56.0
$CoHPO_4$	2.0×10^{-7}	6.7	SnO_2	3.98×10^{-65}	64.4
$Co_3(PO_4)_3$	2.0×10^{-35}	34.7	SnS	1.0×10^{-25}	25.0
$CrAsO_4$	7.7×10^{-21}	20.11	$SnSe$	3.98×10^{-39}	38.4
$Cr(OH)_3$	6.3×10^{-31}	30.2	$Sr_3(AsO_4)_2$	8.1×10^{-19}	18.09
$CrPO_4\cdot4H_2O$(绿)	2.4×10^{-23}	22.62	$SrCO_3$	1.1×10^{-10}	9.96
$CrPO_4\cdot4H_2O$(紫)	1.0×10^{-17}	17.0	$SrC_4O_4\cdot H_2O$	1.6×10^{-7}	6.80
$CuBr$	5.3×10^{-9}	8.28	SrF_2	2.5×10^{-9}	8.61
$CuCl$	1.2×10^{-6}	5.92	$Sr_3(PO_4)_2$	4.0×10^{-28}	27.39
$CuCN$	3.2×10^{-20}	19.49	$SrSO_4$	3.2×10^{-7}	6.49
$CuCO_3$	2.34×10^{-10}	9.63	$SrWO_4$	1.7×10^{-10}	9.77
CuI	1.1×10^{-12}	11.96	$Tb(OH)_3$	2.0×10^{-22}	21.7
$Cu(OH)_2$	4.8×10^{-20}	19.32	$Te(OH)_4$	3.0×10^{-54}	53.52
$Cu_3(PO_4)_2$	1.3×10^{-37}	36.9	$Th(C_4O_4)_2$	1.0×10^{-22}	22.0
Cu_2S	2.5×10^{-48}	47.6	$Th(IO_3)_4$	2.5×10^{-15}	14.6
Cu_2Se	1.58×10^{-61}	60.8	$Th(OH)_4$	4.0×10^{-45}	44.4
CuS	6.3×10^{-36}	35.2	$Ti(OH)_3$	1.0×10^{-40}	40.0
$CuSe$	7.94×10^{-49}	48.1	$TlBr$	3.4×10^{-6}	5.47
$Dy(OH)_3$	1.4×10^{-22}	21.85	$TlCl$	1.7×10^{-4}	3.76

分子式	K_{sp}	pK_{sp}	分子式	K_{sp}	pK_{sp}
$Er(OH)_3$	4.1×10^{-24}	23.39	Tl_2CrO_4	9.77×10^{-13}	12.01
$Eu(OH)_3$	8.9×10^{-24}	23.05	TlI	6.5×10^{-8}	7.19
$FeAsO_4$	5.7×10^{-21}	20.24	TlN_3	2.2×10^{-4}	3.66
$FeCO_3$	3.2×10^{-11}	10.50	Tl_2S	5.0×10^{-21}	20.3
$Fe(OH)_2$	8.0×10^{-16}	15.1	$TlSeO_3$	2.0×10^{-39}	38.7
$Fe(OH)_3$	4.0×10^{-38}	37.4	$UO_2(OH)_2$	1.1×10^{-22}	21.95
$FePO_4$	1.3×10^{-22}	21.89	$VO(OH)_2$	5.9×10^{-23}	22.13
FeS	6.3×10^{-18}	17.2	$Y(OH)_3$	8.0×10^{-23}	22.1
$Ga(OH)_3$	7.0×10^{-36}	35.15	$Yb(OH)_3$	3.0×10^{-24}	23.52
$GaPO_4$	1.0×10^{-21}	21.0	$Zn_3(AsO_4)_2$	1.3×10^{-28}	27.89
$Gd(OH)_3$	1.8×10^{-23}	22.74	$ZnCO_3$	1.4×10^{-11}	10.84
$Hf(OH)_4$	4.0×10^{-26}	25.4	$Zn(OH)_2$③	2.09×10^{-16}	15.68
Hg_2Br_2	5.6×10^{-23}	22.24	$Zn_3(PO_4)_2$	9.0×10^{-33}	32.04
Hg_2Cl_2	1.3×10^{-18}	17.88	$\alpha\text{-}ZnS$	1.6×10^{-24}	23.8
HgC_4O_4	1.0×10^{-7}	7.0	$\beta\text{-}ZnS$	2.5×10^{-22}	21.6
Hg_2CO_3	8.9×10^{-17}	16.05	$ZrO(OH)_2$	6.3×10^{-49}	48.2
$Hg_2(CN)_2$	5.0×10^{-40}	39.3			

注：①～③形态均为无定形。

参 考 文 献

[1] 中华人民共和国国家标准.GB/T 176—2008 水泥化学分析方法[S].

[2] 中华人民共和国国家标准.GB/T 5762—2012 建材用石灰石、生石灰和熟石灰化学分析方法[S].

[3] 中华人民共和国国家标准.GB/T 5484—2012 石膏化学分析方法[S].

[4] 中华人民共和国国家标准.GB/T 211—2007 煤中全水分的测定方法[S].

[5] 中华人民共和国国家标准.GB/T 212—2008 煤的工业分析方法[S].

[6] 中华人民共和国国家标准.GB/T 213—2008 煤的发热量测定方法[S].

[7] 中华人民共和国国家标准.GB/T 16399—1996 黏土化学分析方法[S].

[8] 中华人民共和国建材行业标准.JC/T 850—2009 水泥用铁质原料化学分析方法[S].

[9] 中华人民共和国建材行业标准.JC/T 874—2009 水泥用硅质原料化学分析方法[S].

[10] 中华人民共和国建材行业标准.JC/T 1073—2008 水泥中氯离子的化学分析方法[S].

[11] 中华人民共和国国家标准.GB/T 12573—2008 水泥取样方法[S].

[12] 马惠莉,马振珠.分析化学综合教程[M].北京:化学工业出版社,2011.

[13] 张永清.建材化学分析工[M].北京:中国劳动社会保障出版社,2006.

[14] 江丽珍,田延平,王雅明.水泥企业质量管理规程读本[M].北京:中国建材工业出版社,2011.

[15] 石建屏.无机工业产品分析[M].武汉:武汉理工大学出版社,2011.

[16] 李晓峰.建材化学分析[M].武汉:武汉理工大学出版社,2011.

[17] 中国建材检验认证集团股份有限公司.水泥实验室手册[M].北京:中国建材工业出版社,2012.